科技创新与美丽中国：西部生态屏障建设

国家科学思想库
决策咨询系列

科技支撑青藏高原生态屏障区建设

中国科学院青藏高原专题研究组

科学出版社
北　京

内 容 简 介

本书概述了青藏高原生态屏障区建设的战略形势，从气候变化应对、水资源保护利用、生态系统保护修复、生物多样性保护、环境污染风险与防控等方面阐述了基本情况、重大科技需求和战略重点，最后提出了科技支撑青藏高原生态屏障区建设的战略保障措施。

本书为相关领域战略与管理专家、科技工作者、企业研发人员及高校师生提供了研究指引，为科研管理部门提供了决策参考，也是社会公众了解青藏高原生态屏障区建设的重要读物。

图书在版编目（CIP）数据

科技支撑青藏高原生态屏障区建设 / 中国科学院青藏高原专题研究组编. -- 北京：科学出版社，2025.2. --（科技创新与美丽中国：西部生态屏障建设）.
ISBN 978-7-03-080385-6

Ⅰ．X321.27

中国国家版本馆CIP数据核字第2024CJ7862号

丛书策划：侯俊琳　朱萍萍
责任编辑：常春娥　赵晶雪 / 责任校对：邹慧卿
责任印制：师艳茹 / 封面设计：有道文化
内文设计：北京美光设计制版有限公司

科学出版社 出版
北京东黄城根北街16号
邮政编码：100717
http://www.sciencep.com
北京中科印刷有限公司印刷
科学出版社发行　各地新华书店经销

*

2025年2月第　一　版　开本：787×1092　1/16
2025年2月第一次印刷　印张：15 1/2
字数：205 000

定价：168.00元
（如有印装质量问题，我社负责调换）

"科技创新与美丽中国：西部生态屏障建设"战略研究团队

总负责

侯建国

战略总体组

常　进　高鸿钧　姚檀栋　潘教峰　王笃金　安芷生
崔　鹏　方精云　于贵瑞　傅伯杰　王会军　魏辅文
江桂斌　夏　军　肖文交

青藏高原专题研究组

组　长　姚檀栋

成　员　（按姓名拼音排序）

　　　　　安宝晟　中国科学院青藏高原研究所
　　　　　车　静　中国科学院昆明动物研究所
　　　　　车　涛　中国科学院西北生态环境资源研究院
　　　　　陈鹏飞　中国科学院西北生态环境资源研究院
　　　　　陈亚宁　中国科学院新疆生态与地理研究所

丛志远	西藏大学
丁金枝	中国科学院青藏高原研究所
丁永建	中国科学院西北生态环境资源研究院
段青云	河海大学
封志明	中国科学院地理科学与资源研究所
傅建捷	中国科学院生态环境研究中心
高　晶	中国科学院青藏高原研究所
龚　平	中国科学院青藏高原研究所
郭军明	中国科学院西北生态环境资源研究院
黄建平	兰州大学
康世昌	中国科学院西北生态环境资源研究院
李　娜	中国科学院西北生态环境资源研究院
李　新	中国科学院青藏高原研究所
梁尔源	中国科学院青藏高原研究所
刘屹岷	中国科学院大气物理研究所
刘勇勤	兰州大学
罗　勇	清华大学
雒昆利	中国科学院地理科学与资源研究所
马耀明	中国科学院青藏高原研究所

欧阳志云　中国科学院生态环境研究中心

朴世龙　北京大学

沈　吉　南京大学

孙　航　中国科学院昆明植物研究所

汤秋鸿　中国科学院地理科学与资源研究所

汪　涛　中国科学院青藏高原研究所

王劲松　中国气象局兰州干旱气象研究所

王宁练　西北大学

王伟财　中国科学院青藏高原研究所

王小丹　中国科学院、水利部成都山地灾害与环境研究所

王小萍　中国科学院青藏高原研究所

邬光剑　中国科学院青藏高原研究所

徐柏青　中国科学院青藏高原研究所

徐建中　中国科学院西北生态环境资源研究院

杨林生　中国科学院地理科学与资源研究所

杨永平　中国科学院西双版纳热带植物园

姚檀栋　中国科学院青藏高原研究所

曾　辰　中国科学院青藏高原研究所

张　凡　中国科学院青藏高原研究所

张强弓　中国科学院青藏高原研究所

张宪洲　中国科学院地理科学与资源研究所

张镱锂　中国科学院地理科学与资源研究所

张玉兰　中国科学院西北生态环境资源研究院

赵　林　南京信息工程大学

赵　平　中国气象科学研究院

赵新全　青海大学省部共建三江源生态与高原农牧业
　　　　国家重点实验室

周天军　中国科学院大气物理研究所

朱　彤　北京大学

朱立平　中国科学院青藏高原研究所

总　序

"生态兴则文明兴，生态衰则文明衰。"党的十八大以来，以习近平同志为核心的党中央把生态文明建设纳入"五位一体"总体布局和"四个全面"战略布局，放在治国理政的重要战略地位。构建生态屏障是推进生态文明建设的重要内容。习近平总书记在全国生态环境保护大会、内蒙古考察、四川考察、新疆考察、青海考察等多个场合，都突出强调生态环境保护的重要性，提出筑牢我国重要生态屏障的指示要求。西部地区生态环境相对脆弱，保护好西部地区生态，建设好西部生态屏障，对于进一步推动西部大开发形成新格局、建设美丽中国及中华民族可持续发展和长治久安具有不可估量的战略意义。科技创新是高质量保护和高质量发展的重要支撑。当前和今后一个时期，提升科技支撑能力、充分发挥科技支撑作用，成为我国生态文明建设和西部生态屏障建设的重中之重。

　　中国科学院作为中国自然科学最高学术机构、科学技术最高咨询机构、自然科学与高技术综合研究发展中心，服务国家战略需求和经济社会发展，始终围绕现代化建设需要开展科学研究。自建院以来，中国科学院针对我国不同地理单元和突出生态环境问题，在地球与资源生态环境相关科技领域，以及在西部脆弱生态区域，作了前瞻谋划与系统布局，形成了较为完备的学科体系、较为先进的观测平台与网络体系、较为精干的专业人才队伍、较为扎实的研究积累。中国科学院党组深刻认识到，我国西部地区在国家发展全局中具有特殊重要的地位，既是生态屏障，又是战略后方，也是开放前沿。西部生态屏障建设是一项长期性、系统性、战略性的生态工程，涉及生态、环境、科技、经济、社会、安全等多区域、多部门、多维度的复杂而现实的问题，影响广泛而深远，需要把西部地区作为一个整体进行系统研究，从战略和全局上认识其发展演化特点规律，把握其禀赋特征及发展趋势，为贯彻新发展理念、构建新发展格局、推进美丽中国建设提供科学依据。这也是中国科学院对照习近平总书记对中国科学院提出的"四个率先"和"两加快一努力"目标要求，履行国家战略科技力量职责使命，主动作为于2021年6月开始谋划、9月正式启动"科技支撑中国西部生态屏障建设战略研究"重大咨询项目的出发点。

重大咨询项目由中国科学院院长侯建国院士总负责，依托中国科学院科技战略咨询研究院（简称战略咨询院）专业化智库研究团队，坚持系统观念，大力推进研究模式和机制创新，集聚了中国科学院院内外60余家科研机构、高等院校的近

400位院士专家，有组织开展大规模合力攻关，充分利用西部生态环境领域的长期研究积累，从战略和全局上把握西部生态屏障的内涵特征和整体情况，理清科技需求，凝练科技任务，提出系统解决方案。这是一项大规模、系统性的智库问题研究。研究工作持续了三年，主要经过了谋划启动、组织推进、凝练提升、成果释放四个阶段。

在谋划启动阶段（2021年6~9月），顶层设计制定研究方案，组建研究团队，形成"总体组、综合组、区域专题组、领域专题组"总分结合的研究组织结构。总体组在侯建国院长的带领下，由中国科学院分管院领导、学部工作局领导和综合组组长、各专题组组长共同组成，负责项目研究思路确定和研究成果指导。综合组主要由有关专家、战略咨询院专业团队、各专题组联络员共同组成，负责起草项目研究方案、综合集成研究和整体组织协调。各专题组由院士专家牵头，研究骨干涵盖了相关区域和领域研究中的重要方向。在区域维度，依据我国西部生态屏障地理空间格局及《全国重要生态系统保护和修复重大工程总体规划（2021—2035年）》等，以青藏高原、黄土高原、云贵川渝、蒙古高原、北方防沙治沙带、新疆为六个重点区域专题。在领域维度，立足我国西部生态屏障建设及经济、社会、生态协调发展涉及的主要科技领域，以生态系统保护修复、气候变化应对、生物多样性保护、环境污染防治、水资源利用为五个重点领域专题。2021年9月16日，重大咨询项目启动会召开，来自院内外近60家科研机构和高等院校的

220余名院士专家线上、线下参加了会议。

在组织推进阶段（2021年9月～2022年9月），以总体研究牵引专题研究，专题研究各有侧重、共同支撑总体研究，综合组和专题组形成总体及区域、领域专题研究报告初稿。总体研究报告主要聚焦科技支撑中国西部生态屏障建设的战略形势、战略体系、重大任务和政策保障四个方面，开展综合研究。区域专题研究报告聚焦重点生态屏障区，从本区域的生态环境、地理地貌、经济社会发展等自身特点和变化趋势出发，主要研判科技支撑本区域生态屏障建设的需求与任务，侧重影响分析。领域专题研究报告聚焦西部生态屏障建设的重点科技领域，立足全球科技发展前沿态势，重点围绕"领域—方向—问题"的研究脉络开展科学研判，侧重机理分析。在总体及区域、领域专题研究中，围绕"怎么做"，面向国家战略需求，立足区域特点、科技前沿和现有基础，研判提出科技支撑中国西部生态屏障建设的战略性、关键性、基础性三层次重大任务。其间，重大咨询项目多次组织召开进展交流会，围绕总体及区域、领域专题研究报告，以及需要交叉融合研究的关键方面，开展集中研讨。

在凝练提升阶段（2022年10月～2024年1月），持续完善总体及区域、领域专题研究报告，围绕西部生态屏障的内涵特征、整体情况、科技支撑作用等深入研讨，形成决策咨询总体研究报告精简稿。重大咨询项目形成"1+11+N"的研究成果体系，即坚持系统观念，以学术研究为基础，以决策咨询为目标，形成1份总体研究报告；围绕6个区域、5个领域专题研究，形成11份专题研究报告，作为总体研究报告的附件，既分别自成体系，又系统支撑总体研究；面向服务决策咨询，形成N份专报或政策建议。2023年9月，中国科学院和国务院研究室共同商议后，确定以"科技支撑中国西部生态屏障建设"作为中国科学院与国务院研究室共同举办的第九期"科学家月谈会"主题。之后，综合组多次组织各专题组召开研讨会，重点围绕总体研究报告要点，西部生态屏障的内涵特征和整体情况，战略性、关键性、基础性三层次重大科技任务等深入研讨，为凝练提升总体研究报告和系列专报、筹备召开"科学家月谈会"释放研究成果做准备。

在成果释放阶段（2024年2~4月），筹备组织召开"科学家月谈会"，会前议稿、会上发言、会后汇稿相结合，系统凝练关于科技支撑西部生态屏障建设的重要认识、重要判断和重要建议，形成有价值的决策咨询建议。综合组及各专题组多轮研讨沟通，确定会上系列发言主题和具体内容。2024年4月8日，综合组组织召开"科技支撑中国西部生态屏障建设"议稿会，各专题组代表参会，邀请有关政策专家到会指导，共同讨论凝练核心观点和亮点。4月16日上午，第九期"科学家月谈会"召开，侯建国院长和国务院研究室黄守宏主任共同主持，12位院士专家参加座谈，国务院研究室15位同志参会。会议结束后，侯建国院长部署和领导综合组集中研究，系统凝练关于科技支撑西部生态屏障建设的重要认识、

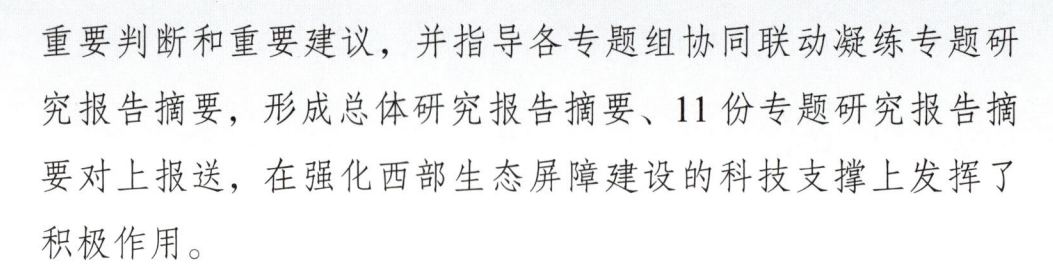

重要判断和重要建议,并指导各专题组协同联动凝练专题研究报告摘要,形成总体研究报告摘要、11份专题研究报告摘要对上报送,在强化西部生态屏障建设的科技支撑上发挥了积极作用。

经过三年的系统性组织和研究,中国科学院重大咨询项目"科技支撑中国西部生态屏障建设战略研究"完成了总体研究和6个重点区域、5个重点领域专题研究,形成了一系列对上报送成果,服务国家宏观决策。时任国务院研究室主任黄守宏表示,"科技支撑中国西部生态屏障建设战略研究"系列成果为国家制定相关政策和发展战略提供了重要依据,并指出这一重大咨询项目研究的组织模式,是新时期按照新型举国体制要求,围绕一个重大问题,科学统筹优势研究力量,组织大兵团作战,集体攻关、合力攻关,是新型举国体制一个重要的也很成功的探索,具有体制模式的创新意义。

在研究实践中,重大咨询项目建立了问题导向、证据导向、科学导向下的"专家+方法+平台"综合性智库问题研究模式,充分发挥出中国科学院体系化建制化优势和高水平科技智库作用,有效解决了以往相关研究比较分散、单一和碎片化的局限,以及全局性战略性不足、系统解决方案缺失的问题。一是发挥专业研究作用。战略咨询院研究团队负责形成重大咨询项目研究方案,明确总体研究思路和主要研究内容等。之后,进一步负责形成了总体及区域、领域专题研究报告提纲要点,承担总体研究报告撰写工作。二是发挥综合集成作用。战略咨询院研究团队承担了融合区域问题和领域问题的综合集成深入研究工作，在研究过程中紧扣重要问题的阶段性研究进展，遴选和组织专家开展集中式研讨研判，鼓励思想碰撞和相互启发，通过反复螺旋式推进、循证迭代不断凝聚专家共识，形成重要认识和判断。同时，注重吸收青藏高原综合科学考察、新疆综合科学考察、全国生态系统调查评估、全国矿产资源国情调查等最新成果。三是强化与政策研究和主管部门的对接。依托中国科学院与国务院研究室共同组建的中国创新战略和政策研究中心，与国务院研究室围绕重要问题和关键方面，开展了多次研讨交流和综合研判。重视与国家发展和改革委员会、科技部、自然资源部、生态环境部、水利部等主管部门保持密切沟通，推动有关研究成果有效转化为相关领域政策举措。

"科技支撑中国西部生态屏障建设战略研究"重大咨询项目的高质高效完成，是中国科学院充分发挥建制化优势开展重大智库问题研究的集中体现，是近400位院士专家合力攻关的重要成果。据不完全统计，自2021年6月重大咨询项目开始谋划以来，项目组内部已召开了200余场研讨会。其间，遵循新冠疫情防控要求，很多研讨会都是通过线上或"线上+线下"方式开展的。在此，向参与研究和咨询的所有专家表示衷心的感谢。

重大咨询项目组将基础研究成果，汇聚形成了这套"科技创新与美丽中国：西部生态屏障建设"系列丛书，包括总体

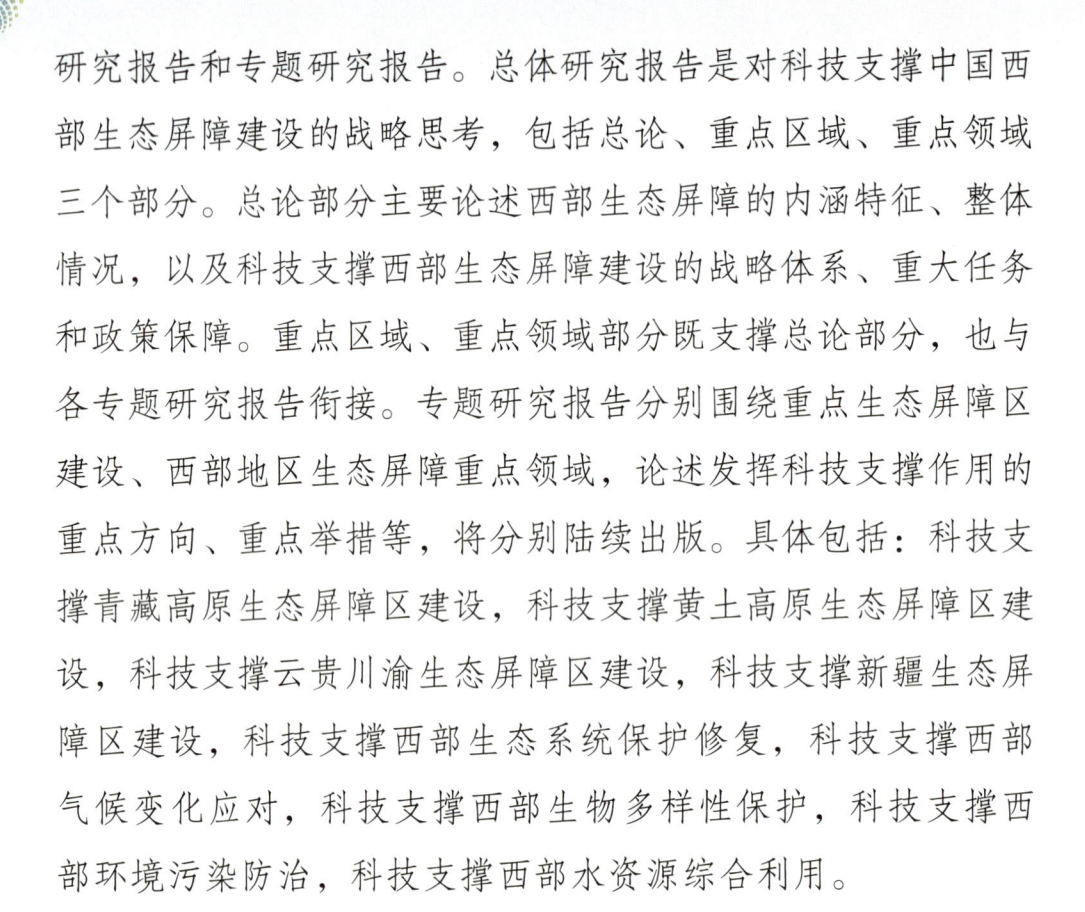

研究报告和专题研究报告。总体研究报告是对科技支撑中国西部生态屏障建设的战略思考，包括总论、重点区域、重点领域三个部分。总论部分主要论述西部生态屏障的内涵特征、整体情况，以及科技支撑西部生态屏障建设的战略体系、重大任务和政策保障。重点区域、重点领域部分既支撑总论部分，也与各专题研究报告衔接。专题研究报告分别围绕重点生态屏障区建设、西部地区生态屏障重点领域，论述发挥科技支撑作用的重点方向、重点举措等，将分别陆续出版。具体包括：科技支撑青藏高原生态屏障区建设，科技支撑黄土高原生态屏障区建设，科技支撑云贵川渝生态屏障区建设，科技支撑新疆生态屏障区建设，科技支撑西部生态系统保护修复，科技支撑西部气候变化应对，科技支撑西部生物多样性保护，科技支撑西部环境污染防治，科技支撑西部水资源综合利用。

西部生态屏障建设涉及的大气、水、生态、土地、能源等要素和人类活动都处在持续发展演化之中。这次战略研究涉及区域、领域专题较多，加之认识和判断本身的局限性等，系列报告还存在不足之处，欢迎国内外各方面专家、学者不吝赐教。

科技支撑西部生态屏障建设战略研究、政策研究需要随着形势和环境的变化，需要随着西部生态屏障建设工作的深入开展而持续深入进行，以把握新情况、评估新进展、发现新问题、提出新建议，切实发挥好科技的基础性、支撑性作用，因此，这是一项长期的战略研究任务。系列丛书的出版也是进一步深化战略研究的起点。中国科学院将利用好重大咨询项目研究模式和专业化研究队伍，持续开展有组织的战略研究，并适时发布研究成果，为国家宏观决策提供科学建议，为科技工作者、高校师生、政府部门管理者等提供参考，也使社会和公众更好地了解科技对西部生态屏障建设的重要支撑作用，共同支持西部生态屏障建设，筑牢美丽中国的西部生态屏障。

总报告起草组

2024 年 7 月

前　言

　　青藏高原是世界屋脊、亚洲水塔。2020年，习近平总书记在中央第七次西藏工作座谈会上指出："保护好青藏高原生态就是对中华民族生存和发展的最大贡献。要牢固树立绿水青山就是金山银山的理念，坚持对历史负责、对人民负责、对世界负责的态度，把生态文明建设摆在更加突出的位置，守护好高原的生灵草木、万水千山，把青藏高原打造成为全国乃至国际生态文明高地。"[①] 青藏高原生态安全屏障建设是国家重大战略任务，党中央高度重视。2021年，习近平总书记在西藏考察时强调："保护好西藏生态环境，利在千秋、泽被天下。要牢固树立绿水青山就是金山银山、冰天雪地也是金山银山的理念，保持战略定力，提高生态环境治理水平，推动青藏高原生物多样性保护，坚定不移走生态优先、绿色发展之路，努力建设人与自然和谐共生的现代化，切实保护好地球第三极生

---

① 习近平在中央第七次西藏工作座谈会上强调 全面贯彻新时代党的治藏方略 建设团结富裕文明和谐美丽的社会主义现代化新西藏. (2020-08-29) [2024-11-20]. https://www.xinhuanet.com/politics/leaders/2020-08-29/c_1126428830.htm.

态。"[1]中央全面深化改革委员会第二十次会议审议通过了《青藏高原生态环境保护和可持续发展方案》，提出要站在保障中华民族生存和发展的历史高度，坚持对历史负责、对人民负责、对世界负责的态度，抓好青藏高原生态环境保护和可持续发展工作。2023年，国家专门出台了《中华人民共和国青藏高原生态保护法》，为青藏高原生态环境保护提供了法治保障。

青藏高原生态屏障区是中国科学院重大咨询项目"科技支撑中国西部生态屏障建设战略研究"聚焦的六大区域之一。项目组积极组织院内外相关研究力量，设立了气候变化应对、水资源保护利用、生态系统保护修复、生物多样性保护、环境污染风险与防控五个领域的交叉研究小组开展相关工作。各领域的交叉研究小组按照基本情况、重大科技需求、战略重点等方面编制了研究报告。

本书是"科技支撑青藏高原生态屏障区建设"项目组的研究成果。全书由项目组组长姚檀栋领衔，各领域交叉研究小组的主要作者如下。

青藏高原生态屏障区气候变化应对领域交叉组：组长为段青云，副组长为徐柏青，成员包括马耀明、黄建平、罗勇、赵平、周天军、刘屹岷。

青藏高原生态屏障区水资源保护利用领域交叉组：组长为

---

[1] 习近平在西藏考察时强调 全面贯彻新时代党的治藏方略 谱写雪域高原长治久安和高质量发展新篇章. (2021-07-23) [2024-11-20]. http://www.xinhuanet.com/2021-07-23/c_1127687414.htm.

丁永建，副组长为邬光剑，成员包括朱立平、李新、张凡、高晶、沈吉、王宁练、车涛、赵林、陈亚宁、汤秋鸿。

青藏高原生态屏障区生态系统保护修复领域交叉组：组长为朴世龙，副组长为赵新全，成员包括欧阳志云、封志明、张宪洲、张镱锂、王小丹、梁尔源、汪涛、丁金枝。

青藏高原生态屏障区生物多样性保护领域交叉组：组长为杨永平，副组长为车静，成员包括孙航、刘勇勤。

青藏高原生态屏障区环境污染风险与防控领域交叉组：组长为康世昌，副组长为张强弓，成员包括朱彤、王小萍、丛志远、杨林生、雒昆利、张凡、王劲松、李娜、龚平、张玉兰、郭军明、徐建中、曾辰、傅建捷、陈鹏飞。

姚檀栋

2024 年 7 月

目　录

i	总序
xi	前言

1　第一章　科技支撑青藏高原生态屏障区建设的战略形势

2	第一节　青藏高原生态屏障区的基本情况及其战略地位
6	第二节　科技支撑青藏高原生态屏障区建设的现状与问题
13	第三节　科技支撑青藏高原生态屏障区建设的新需求新使命
17	第四节　科技支撑青藏高原生态屏障区建设的战略体系

20　第二章　青藏高原生态屏障区气候变化应对

21	第一节　青藏高原气候变化基本情况
44	第二节　青藏高原气候变化应对的重大科技需求
50	第三节　青藏高原气候变化应对的战略重点

59　第三章　青藏高原生态屏障区水资源保护利用

60	第一节　青藏高原水资源基本情况
83	第二节　青藏高原水资源保护利用的重大科技需求
94	第三节　青藏高原水资源保护利用的战略重点

第四章　青藏高原生态屏障区生态系统保护修复　102

第一节　青藏高原生态系统保护修复的基本情况　103

第二节　青藏高原生态系统保护修复的重大科技需求　121

第三节　青藏高原生态系统保护修复的战略重点　126

第五章　青藏高原生态屏障区生物多样性保护　134

第一节　青藏高原生物多样性保护的基本情况　136

第二节　青藏高原生物多样性保护的重大科技需求　144

第三节　青藏高原生物多样性保护的战略重点　150

第六章　青藏高原生态屏障区环境污染风险与防控　152

第一节　青藏高原环境污染风险与防控的基本情况　153

第二节　青藏高原环境污染风险与防控的重大科技需求　172

第三节　青藏高原环境污染风险与防控的战略重点　176

第七章　科技支撑青藏高原生态屏障区建设的战略保障　191

第一节　落实青藏高原生态环境保护法　192

第二节　加大科技研发投入力度　192

第三节　加强地球系统综合观测平台建设　193

第四节　加强数据集成与共享　194

第五节　加强本地和专业技术人才培养　195

第六节　加强以我为主的国际计划实施　195

参考文献　197

第一章
科技支撑青藏高原生态屏障区建设的战略形势

第一节　青藏高原生态屏障区的基本情况及其战略地位

青藏高原处于我国三级地理阶梯中最高的一级，是中国西部生态屏障"四高（青藏高原、黄土高原、云贵高原、内蒙古高原）一低（新疆地区）"地理格局中的最高单元，平均海拔超过 4000 m，面积超过国土面积的 1/4。

青藏高原是世界屋脊、亚洲水塔，属于地球"第三极"；孕育了长江、黄河、雅鲁藏布江—布拉马普特拉河、澜沧江—湄公河、怒江—萨尔温江、恒河、森格藏布（狮泉河）—印度河等亚洲地区的重要河流；拥有从喜马拉雅山脉南坡的亚热带气候到高原北部的高寒干旱气候的气候类型；分布有森林、高寒草原、高寒草甸等复杂多样的植被类型；是珍稀野生动物的天然栖息地和高原物种基因库，也是地球上生物多样性最丰富的地区之一。

冰川、冻土、湖泊、河流等构成了青藏高原的主体，为该区域 20 多亿人的生存和发展提供淡水资源；青藏高原生态系统在防风固沙、土壤固持、碳固定、水源涵养、生物多样性保护等方面具有重要的生态服务功能；青藏高原作为亚洲乃至北半球气候变化的"调节器"，对中国乃至全球气候有重要影响。青藏高原是世界上最后一方净土，是中国乃至亚洲重要的生态安全屏障，其在我国、亚洲乃至全球的水安全、生态安全、气候安全和环境安全中发挥着重要作用。保护青藏高原生态环境，就是保护我国乃至全球的"生态源"和"气候源"。

截至 2020 年底，青藏高原总人口 1313.4 万人，约占全国总人口的 0.93%，城镇化水平为 47.58%，比全国城镇化水平低约 16 个百分点，尚处于城镇化发展的中期阶段；经济总量为6154.85亿元，其中第一产业增加值679.40亿元，第二产业增加值2328.93亿元，第三产业增加值3146.52亿元，已形成了"三二一"的经济结构，初步形成了由西宁都市圈、拉萨城市圈、柴达木城镇圈、青藏铁路沿线城镇带、川藏铁路沿线城镇带、唐蕃古道沿线城镇带、边境地区固边城镇带和15个重要城市节点与重要固边城镇构成的"三圈四带多节点"城镇体系总格局（方创琳等，2024）。青藏高原目前仍处于牧业人口数量占比大、草地超载的状态。正在进行的适度适速的城镇化和经济发展过程，使得牧业人口逐渐市民化，减轻了草场承载压力，有效保护了青藏高原生态环境，提高了青藏高原居民的整体生活水平。

1970~2020年，青藏高原生态屏障区的生态环境发生了重大变化，总体有以下几个特点。

一是气候变暖变湿，青藏高原固液相失衡。青藏高原的气候变暖幅度是同期全球平均值的2倍，是气候变暖最强烈的地区之一；青藏高原降水总体有增加趋势，但高原南部和北部的变化存在显著差异，北部明显增加，南部有所减少。预估青藏高原未来的气候仍以变暖和变湿为主要特征。气候暖湿化导致青藏高原固液相失衡，表现为冰川、积雪等固态水体快速减少，湖泊、河流等液态水体广泛增加，内流区水资源增加，外流区水资源减少，呈现出水资源空间分布的失衡，这将严重制约该地区的经济发展和生态安全。作为全球最重要的冰雪融水补给区和水循环通道，气候变暖导致的冰雪提前消融和加速消融已经对该地区的水资源安全和水生态安全产生严重影响，江河源区径流补给机理发生变化，水文过程呈现出区域性、独特的新变化。同时，在西风-季风共同作用和水循环过程加强的背景下，高原的降水、冰川、湖泊和径流变化的空间差异进一步加剧，严重影响了其作为亚洲水塔对水资源的调节作用。

二是生态系统总体趋好，生物安全面临潜在风险。青藏高原寒带、亚寒带东界西移，南界北移，温带区扩大，使得生态系统总体向好；高寒草原面积增加，返青期提前，枯黄期推后，生长期延长，净初级生产力总体呈增加态势。但青藏高原高寒草甸和沼泽草甸面积显著萎缩，西部地区变暖变干，生产力呈减小态势；森林面积和蓄积量在1998年以前明显减少，天然林保护工程实施后，森林面积与蓄积量实现双增长；湿地总体呈退化态势，以三江源地区的湿地退化最为明显。2000年以来，湿地退化幅度明显减缓，局部地区出现逆转。青藏高原农田适种范围从20世纪70年代中期到21世纪初呈扩大趋势，冬小麦适种海拔上限和春青稞适种上限均升高，两季作物适种的潜在区域也在扩大，复种指数增加，拓展了农牧业结构调整的空间，有利于增加农牧民收入。预估到21世纪末，青藏高原森林和灌丛将向西北扩张，高寒草甸分布区可能被灌丛挤占，植被净初级生产力将增大；种植作物将向高纬度和高海拔地区扩展，冬播作物的适种范围将会进一步扩大，复种指数进一步提高。

三是灾害风险增加，新型灾害凸显。冰冻圈灾害进一步加剧，冰崩等冰冻圈新型灾害风险增加，突发性冰湖溃决潜在风险加剧，冰川泥石流及山洪灾害更趋活跃，特大灾害发生频率增加，巨灾发生概率增大，潜在灾害风险进一步增加；以阿汝冰川冰崩、雅鲁藏布江冰崩堵江及其所造成的人民生命财产损失为例，可能存在新的灾害类型严重影响人类的生存环境。

四是人类活动加剧，跨境和局部污染风险增大。在南亚季风和西风的相互作用下，东南亚、南亚和中亚等周边地区的人类活动排放的污染物随大气环流跨境输入，成为高原大气和地表环境污染物的重要来源。跨境传输黑碳气溶胶加剧气候变暖和冰川缩减等，已成为影响区域环境的突出问题。高原水生生态系统由于冷水环境食物链的简单性和污染物高效富集，导致水生食物链顶端鱼类普遍赋存较高的重金属和有机物，表现出"环境本底低，生物富集高"的环境"悖象"。高原城镇化与旅游业快速发展，基础设施建设不足导致区域污染相对集中，环境影响日渐突出，同时传统生活方式和习俗等（如牛粪柴薪燃烧和开放式炉具使用、祭祀活动开展和藏药服用等）成为当地居民环境污染暴露的重要途径与因素。随着周边国家和高原自身社会经济的持续快速发展，在外部大气污染输入、内生区域发展，以及气候快速变化驱动等多重因素的扰动下，未来青藏高原面临环境污染的风险在增大，应提前开展风险评价并制定防控应对措施。

2020年4月，中央全面深化改革委员会第十三次会议审议通过了《全国重要生态系统保护和修复重大工程总体规划（2021—2035年）》，明确提出了青藏高原生态屏障区、黄河重点生态区（含黄土高原生态屏障）、长江重点生态区（含川滇生态屏障）、东北森林带、北方防沙带、南方丘陵山地带、海岸带7个重点区域的总体布局。青藏高原生态屏障区构成了我国西部生态安全屏障的骨架，是全国乃至国际生态文明高地，是维护国家安全和战略利益的前哨堡垒，是人与自然和谐共生的绿色家园，是气候变化和高原生态的科技前沿阵地。

青藏高原生态屏障区建设的内涵是：根据《青藏高原生态屏障区生态保护和修复重大工程建设规划（2021—2035年）》，立足三江源草原草甸湿地、若尔盖草原湿地、甘南黄河重要水源补给、祁连山冰川与水源涵养、阿尔金草原荒漠化防治、藏西北羌塘高原荒漠、藏东南高原边缘森林7个国家重点生态功能区，实施山水林田湖草沙冰一体化保护和系统治理，加快建立健全以国家公园为主体的自然保护地体系，进一步突出对原生地带性植被、特有珍稀物种及其栖息地的保护，加大沙化土地封禁保护力度，科学开展天然林草恢复、退化土地治理、矿山生态修复和人工草场建设等人工辅助措施，促进区域野生动植物种群恢复和生物多样性保护，提升高原生态系统的结构完整性和功能稳定性。

第二节 科技支撑青藏高原生态屏障区建设的现状与问题

我国一直高度重视青藏高原生态文明建设，将保护好青藏高原生态作为关系中华民族生存和发展的大事。20世纪60年代，特别是20世纪90年代以来，我国在青藏高原部署了类型多样的生态屏障建设工程，包括野生动植物保护及自然保护区建设、重点防护林体系建设、天然林资源保护、退耕还林（草）、退牧还草、水土流失治理以及湿地保护与恢复等。与此同时，我国制定了一系列与生态环境保护和综合治理相关的规划、实施办法（图1-1）。

为监测青藏高原的生态环境变化，我国建立了较为完备的监测体系，包括中国生态系统研究网络（CERN）、高寒区地表过程与环境观测研究网络（HORN），以及环保、国土、农业、林业、水利、气象等专业观测网络，形成了空-天-地一体化的监测预警体系。在一些重点区域，如三江源地区，相关部门构建了星-机-地生态综合立体监测与评估系统，建立了该区域时间序列最长、数据项最全的高质量数据库。生态环境监测网络的健全与数据质量的提高，促进了环境管理水平和效率的大幅度提升。

据不完全统计，截至2022年，我国各部委和相关地方政府针对青藏高原部署的科技项目有100多项，大的专项有20多项。中国科学院部署了一系列重大科学考察和科学研究专项（图1-2），包括"珠穆朗玛峰地区科学考察"（1959~1960年）、"希夏邦马峰地区科学考察"（1964年）、"第一次青藏高原综合科学考察"（1973~1992年）、B类战略性先导科技

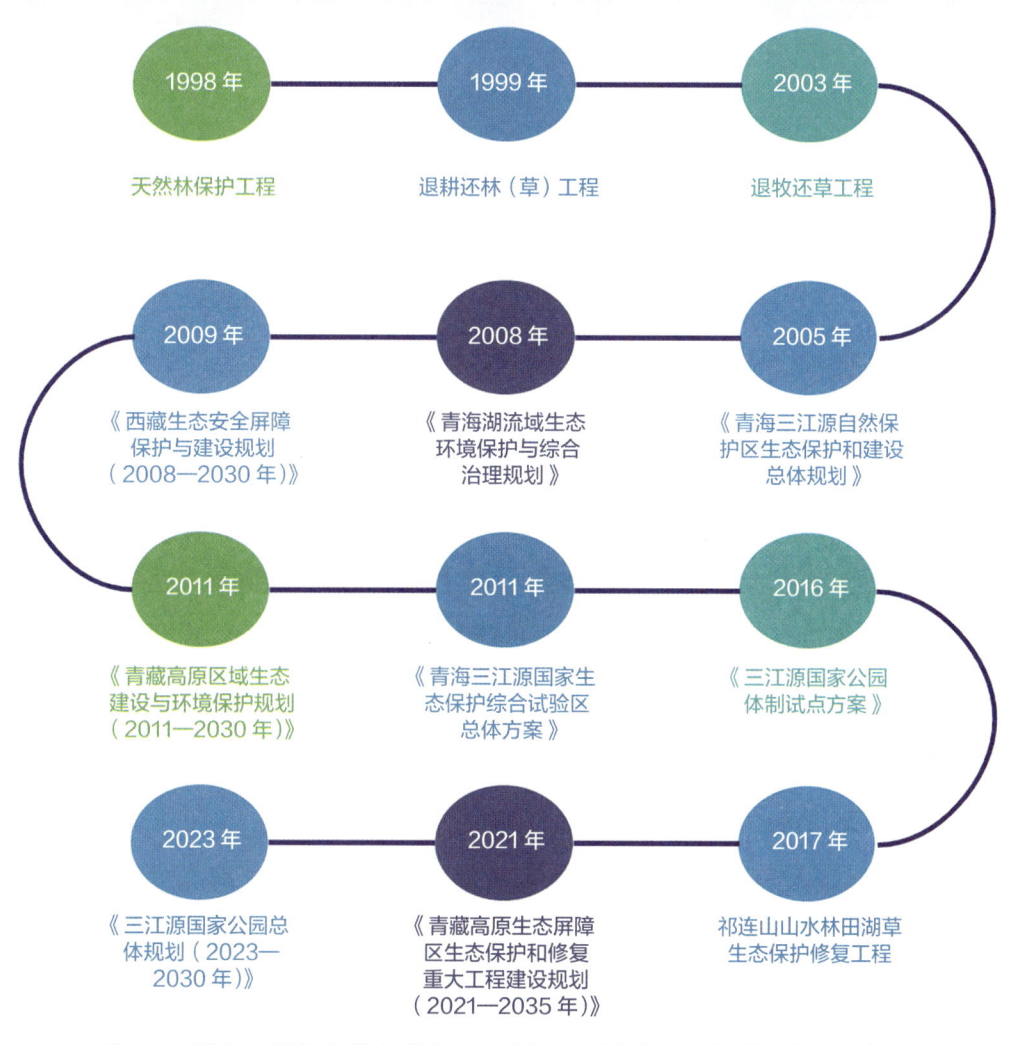

图 1-1　国家在科技支撑青藏高原生态屏障区建设方面部署的任务和规划

专项"青藏高原多层圈相互作用及其资源环境效应"（2012~2017年）、西藏区域协同创新集群项目（2012~2016年）和A类战略性先导科技专项"泛第三极环境变化与绿色丝绸之路建设"（2018~2023年）等。中国科学院还进行了一系列相关的院士咨询项目。2009年，中国科学院发起了以我为主的"第三极环境"（TPE）国际计划，联合具有知识和技术优势的西方国家及具有地缘优势的周边国家的科学家，开展第三极地球系统多圈层研究。科学技术部自"九五"规划开始，组织实施了20余项与青

中国科学院

01 ● 1959~1960 年
珠穆朗玛峰地区科学考察

02 ● 1964 年
希夏邦马峰地区科学考察

03 ● 1973~1992 年
第一次青藏高原综合科学考察

04 ● 2012~2016 年
西藏区域协同创新集群项目

05 ● 2012~2017 年
B 类战略性先导科技专项"青藏高原多层圈相互作用及其资源环境效应"

06 ● 2009 年至今
"第三极环境"（TPE）国际计划

07 ● 2018~2023 年
A 类战略性先导科技专项"泛第三极环境变化与绿色丝绸之路建设"

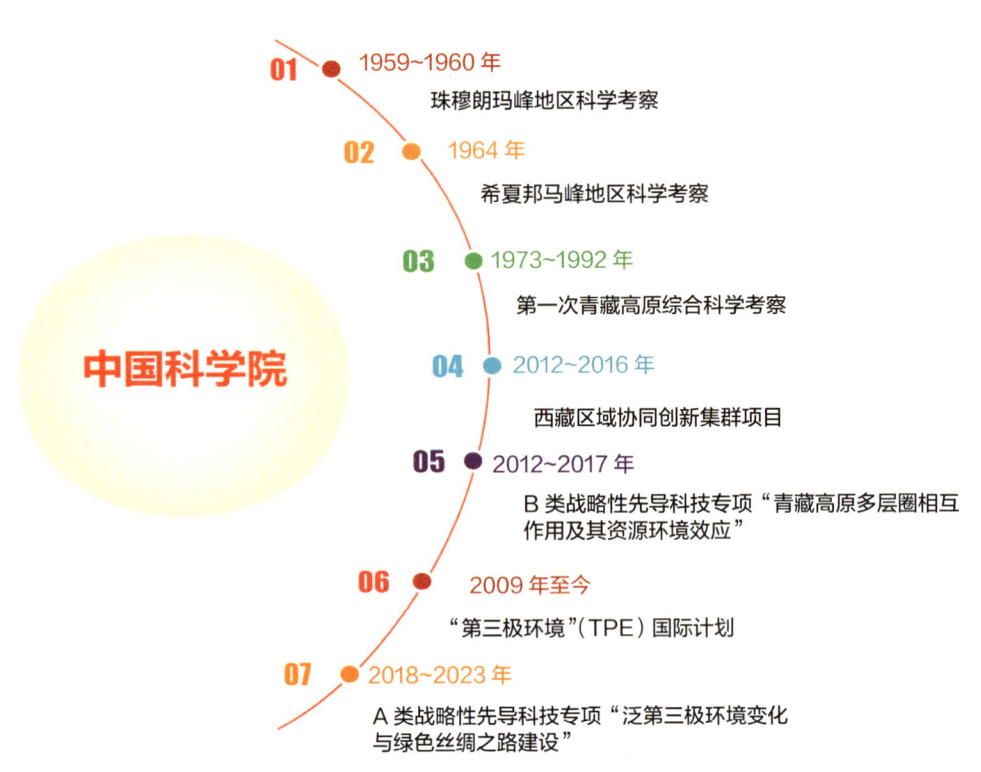

图 1-2　中国科学院在科技支撑青藏高原生态屏障区建设方面部署的科技任务

藏高原生态屏障建设相关的国家科技支撑计划，深入开展了中国西部及青藏高原水资源以及冰川、冻土、生态等方面的现状调查，并在水资源战略安全保障体系、节水灌溉瓶颈技术等方面取得了重要成果。科学技术部组织实施的"八五"攀登计划、"九五"攀登计划以及系列 973 计划、国家科技支撑计划项目、国家重点研发计划、国家科技基础性工作专项中涉及诸多与青藏高原相关的科技攻关项目。此外，国家自然科学基金委员会、国家发展和改革委员会、交通运输部、农业农村部、国家林业和草原局、自然资源部、中国地质调查局、水利部、国家能源局、教育部、生态环境部等也有专门的科技项目有效支撑青藏高原水资源利用及发展研究。国家自然科学基金委员会设立了"西南河流源区径流变化和适应性利用""青藏高原地–气耦合系统变化及其全球气候效应""黑河流域生态–水文过程集成研究"等重大研究计划和青藏高原地球系统基础科学中心。中国气象局实施了三次青藏高原大气科学试验，青海、西藏、甘肃等省份也出台了相关的政策规划以及科技项目和技术工程等，这些专项和项目有力促进了青藏高原生态环境相关研究。科学技术部 2019 年启动的"第二次青藏高原综合科学考察研究"重大专项聚焦青藏高原环境变化与影响，以国家战略需求为主导，解决基础前沿的重大科学问题。

20 多年来，我国开展了有关天然林保护、退耕还林（草）、退牧还草、西藏生态安全屏障保护与建设、三江源生态保护和建设、祁连山生态保护与建设综合治理等一系列重大生态工程，有效促进了区域生态质量和服务功能的稳步提升，青藏高原生态安全屏障不断优化，生态文明高地建设的影响不断扩大。

科技支撑青藏高原生态屏障区建设已取得初步成效。

一是建立了多圈层的综合观测系统。据第二次青藏高原综合科学考察统计，我国已在青藏高原建立 54 个固定式长期观测研究站，其中生态环境领域长期定位野外台站 23 个，国家在 23 个台站中择优建立了 16 个国家级的野外科学观测研究站。为加强青藏高原平台网络和体系的建设，中国科学院率先整合院内资源，牵头构建了由 17 个野外台站组成的高寒区地表过程与环境观测研究网络；针对冰崩灾害，建立了监测预警体系，为区域灾害防治作出了贡献。上述监测站点获取的大气、冰川、湖泊、冻土、生态等数据，为高原基础观测研究、保护修复治理和监测预警提供了宝贵的第一手资料，为青藏高原生态环境屏障监测、预警和评估奠定了基础，在青藏高原生态环境保护、雪域高原长治久安和高质量发展中发挥了重要作用。

二是实现了基础研究理论的突破。以中国科学院为主的科技队伍在青藏高原基础研究及应用研究方面取得许多具有开拓性的科学成就。例如，刘东生院士在青藏高原隆起与东亚季风变化研究的基础上，建立了构造-气候科学学说；叶笃正院士提出青藏高原在夏季是热源的见解，开拓了大地形热力作用研究，创立了青藏高原气象学。中国科学院青藏高原研究所成立后，在青藏高原圈层作用动力演化和链式响应方面取得创新成果。这些成果推动了相关学科的发展，在区域社会经济发展、基础设施建设和生态环境建设中发挥了科技支撑作用。

三是建立了科学家与决策者之间畅通的科技决策咨询网络。通过一系列的评估报告、咨询建议等，科学家的科研成果高效融入政策决策和社会发展，服务青藏高原国家生态安全屏障保护与建设。例如，《青藏高原环境变化科学评估》（针对西藏的发布称为《西藏高原环境变化科学评估》）是习近平总书记提出青藏高原生态屏障建设重要指示的科学依据，是推动西藏自治区2015~2030年生态屏障建设规划的重要科学基础。此外，科研成果支撑了《青藏高原生态文明建设状况》白皮书的发布。

四是实现了中国科技力量与国际计划和国际组织的高水平合作。"第三极环境"国际计划于2011年被列为联合国教科文组织（UNESCO）-联合国环境规划署（UNEP）等共同支持的旗舰计划。该国际计划已经凝聚了一批由欧美顶尖科学家和周边国家科学家组成的国际科研团队，培养了一批知华、爱华、亲华的外籍青年学者，建立了30多个国家科学家参与的国际合作体系，建设了国际旗舰观测网络，成立了在中国北京、尼泊尔加德满都、美国哥伦布、瑞典哥德堡、德国法兰克福的5个实体科学中心。"第三极环境"国际计划从实施伊始就融入国际组织和国际计划的发展战略，已经成为世界气象组织（WMO）、UNEP、UNESCO等的合作伙伴。

五是建立了青藏高原数据库。2019年成立的国家青藏高原科学数据中心，是国内首个通过施普林格·自然（Springer Nature）认证的科学数据中心。该中心负责青藏高原科学数据的收集/汇交、存储、管理、集成、挖掘、分析、共享、应用推广和国际交流，是国内唯一针对青藏原及周边地区科学数据、门类最全和最权威的科学数据中心。建立了符合青藏高原学科特点的标准规范、质量控制体系和资源整合模式，具有保障运行服务的组织机构和共享服务机制，拥有青藏高原科学数据管理、存储和共享服务所需要的软硬件条件和稳定的专职队伍，具备持续的青藏高原科学数据整合与服务能力，正在承担第二次青藏高原综合科学考察国家专项等的科学数据汇交与管理工作。

六是形成了国际第一方阵的青藏高原研究科技力量。我国已拥有一支积累雄厚、学科配套、老中青相结合的从事青藏高原研究的科技队伍。领军人才中，中国科学院院士和中国工程院院士超过 60 位、国家级青年科学基金获得者超过 100 名。其中，刘东生、叶笃正和吴征镒分别荣获 2003 年、2005 年和 2007 年国家最高科学技术奖，孙鸿烈荣获 2009 年"艾托里·马约拉纳—伊利斯科学和平奖"，姚檀栋荣获 2017 年"瑞典人类学和地理学会维加奖"，他们关于青藏高原的研究成就享誉国际。我国科学家主导的"青藏高原冰川变化与水资源"研究位居汤森路透评选的 2015 年和 2016 年全球地球科学十大前沿的第一方阵。

青藏高原生态屏障区建设的典型成功案例是三江源区草地生态恢复及可持续管理技术创新和应用。三江源是我国和全球关注的水安全与生态安全热点地区，其生态安全屏障建设具有国际影响力和辐射力。三江源生态屏障建设的核心科学问题是气候变化与人类活动影响下的生态系统变化。科学家围绕气候变化及人类活动对草地生态系统的影响进行了长期研究，在 2016 年获国家科学技术进步奖的"三江源区草地生态恢复及可持续管理技术创新和应用"项目成果中，科学家提出了过度放牧是引起三江源高寒草地退化的主因，人类活动和气候变化对草地退化的贡献率分别为 68% 和 32%；建立了两套高寒草地退化阶段定量评价体系和退化草地分类分级标准；发展了退化草地恢复重建原理及实现途径。围绕区域退化草地生态恢复的重大需求，选育 6 个多年生牧草新品种，编制 6 项牧草种子生产加工技术规程；编制和发明了 21 项退化草地生态恢复技术规程及专利，集成退化草地三大类综合恢复治理模式。围绕区域草地可持续生产的战略需求，选育 5 个饲草新品种，编制和发明了 16 项生态畜牧业生产技术规程及专利。基于该项目技术体系及模式的推广应用，累计生产牧草良种 36 590 万 kg，用于青藏高原及北方退化草地治理 267 万 hm²。黑土滩治理示范区 1.4 万 hm²，推广治理黑土滩 35 万 hm²，天然草地补播改良 112 万 hm²，退牧还草草带更新 733 万 hm²。上述成果有效解决了草牧业生产和生态保护之间的矛盾，支撑了三江源生态保护与建设等工程的实施，促进了青藏高原草业科学发展，有力推动了青藏高原以国家公园为主体的自然保护地体系建设。

尽管科技支撑青藏高原生态屏障区建设已取得重大成效，但还存在以下问题。

一是适合高寒环境的监测和模拟等数据收集与技术研发能力较弱，跨部门高效联动的监测体系没有建立起来，缺乏部门之间的数据共享机制。高寒环境监测仪器的研发是青藏高原生态屏障区建设相关数据获取的保障。青藏高原区域的监测体系仍然缺乏，监测区域分布不均，东部多，西部少。相关部门在青藏高原建立的监测体系缺乏高效联动的机制，数据跨部门的共享还未实现。我国在青藏高原高寒环境的监测仪器绝大部分是进口仪器，需要切实加强高寒环境监测仪器的研制。

二是点面尺度的研究比较多，全球视野下的青藏高原多要素、多尺度、多圈层综合性研究有待提升。现有研究多聚焦于典型区域和流域，地球系统科学视角下的青藏高原多圈层、多学科交叉联合攻关亟待加强。

三是气候变化应对策略和措施的研究亟须加强。必须加强技术支撑平台的建设，包括预警预报方法理论、综合立体监测和数据平台，加速建设气候变化应对基础设施和制定相关法律政策来保护青藏高原生态屏障。

四是生态保护和修复标准体系建设、新技术推广、科研成果转化等方面欠缺，重大生态工程的后续成效评估机制尚未建立。生态理论研究与工程实践存在一定程度的脱节现象，关键技术研发成果的转化不足。

五是技术人才和地方科技力量需要加强。高寒极端环境监测的生力军集中在从事寒区研究的相关科研院所及部分高校，专业人才相对稀缺，特别是懂关键技术的技术支撑人才稀缺。西藏、青海等青藏高原本地的人才稀缺。

第三节　科技支撑青藏高原生态屏障区建设的新需求新使命

进入新发展阶段，青藏高原生态屏障区建设对科技支撑提出了新的重大需求。

（1）适应全球气候变化和地缘环境变化的新趋势，科技支撑打造气候变化与高原生态的科技前沿、维护国家安全和战略利益的前哨堡垒。青藏高原是全球气候变化和高原生态研究的热点地区，是我国捍卫领土主权、促进民族团结等的前沿阵地。在气候环境和地缘环境变化的趋势下，更好地发挥科技的支撑作用是新时期青藏高原生态屏障区建设的重大需求。

（2）适应我国生态文明高地建设的新要求，科技支撑建设青藏高原及国际生态文明高地。青藏高原是我国重要的生态安全屏障，对全球生态环境也具有极大的影响，需要统筹处理好保护与发展的关系，走高质量发展之路，即发展一定要和资源环境生态相协调，一定要以科技创新引领为驱动，一定要以人为本。在高质量发展的新要求下，更好地发挥科技的支撑作用是新时期青藏高原生态屏障区建设的重大需求。

（3）适应青藏高原发展新阶段，科技支撑打造绿色资源开发利用和绿色产业体系。青藏高原是我国战略资源储备基地，具有丰富的矿产资源、非化石能源和清洁能源。青藏高原初步建立了以循环经济、可再生能源、特色农牧业、生态旅游业为特点的绿色发展模式。在青藏高原绿色经济发展新阶段下，更好地发挥科技的支撑作用是新时期青藏高原生态屏障区建设的重大需求。

2017年，习近平总书记在致信祝贺第二次青藏高原综合科学考察研究启动时指出，"青藏高原是世界屋脊、亚洲水塔，是地球第三极，是我国重要的生态安全屏障、战略资源储备基地，是中华民族特色文化的重要保护地"，从国家战略层面对青藏高原科学研究提出了更高的要求，要求"聚焦水、生态、人类活动，着力解决青藏高原资源环境承载力、灾害风险、绿色发展途径等方面的问题"（新华社，2017）。

2020年，习近平总书记在中央第七次西藏工作座谈会上强调，"要牢固树立绿水青山就是金山银山的理念，坚持对历史负责、对人民负责、对世界负责的态度，把生态文明建设摆在更加突出的位置，守护好高原的生灵草木、万水千山，把青藏高原打造成为全国乃至国际生态文明高地。要深入推进青藏高原科学考察工作，揭示环境变化机理，准确把握全球气候变化和人类活动对青藏高原的影响，研究提出保护、修复、治理的系统方案和工程举措"（新华社，2020）。2021年，习近平总书记主持召开中央全面深化改革委员会第二十次会议，审议通过了《青藏高原生态环境保护和可持续发展方案》，提出"要站在保障中华民族生存和发展的历史高度，坚持对历史负责、对人民负责、对世界负责的态度，抓好青藏高原生态环境保护和可持续发展工作"（新华社，2021a）。

面对新形势和新需求，新发展阶段科技支撑青藏高原生态屏障区建设的新使命是：践行总体国家安全观，深刻认识保护好青藏高原生态环境就是对中华民族生存和发展的最大贡献，气候变化和高原生态环境保护基础研究达到世界引领地位，全面构建高效的适应气候变化和防灾减灾体系，生态文明理念得到国际社会广泛认可，以我为主的国际合作新格局不断扩大，为共谋全球生态文明建设提供中国方案，展现构建人类命运共同体的科技担当。

中国科学院在支撑青藏高原生态屏障区建设中发挥了重要作用，主要表现在以下几个方面。

（1）在重大科学理论前沿突破中发挥先锋队作用。中国科学院始终站在青藏高原科学研究的最前沿，引领并开创了多个重要研究领域。中国科学院刘东生院士率先揭示了青藏高原隆起与东亚季风变化的内在联系，开创性地建立了构造–气候科学学说，为理解地球系统演化提供了崭新视角。中国科学院叶笃正院士首次提出青藏高原夏季热源效应的重要发现，开辟了大地形热力作用研究的新方向，并创立了具有重要国际影响力的青藏高原气象学。中国科学院青藏高原研究所的成立更是将青藏高原研究推向新高度，在青藏高原圈层作用动力演化和链式响应等前沿领域取得了一系列具有重大科学价值的创新成果，彰显了中国科学院在国家战略科技力量中的核心地位。

（2）在青藏高原科学考察中发挥国家队作用。1973~1992年的第一次青藏高原综合科学考察，以中国科学院为核心的科考队员完成了青藏高原全域的综合科学考察，摸清了地理、生态、环境、资源、气候、地质等家底。2017年启动第二次青藏高原综合科学考察研究，中国科学院继续发挥国家队主导作用，聚焦水、生态、人类活动，揭示环境变化机理，着力解决青藏高原资源环境承载力、灾害风险、绿色发展途径等方面的问题，持续为高原生态文明建设提供全面的科技支撑。

（3）在青藏高原研究国际合作中发挥引领作用。中国科学院于2009

年牵头发起的"第三极环境"国际计划是 UNESCO-UNEP 等共同支持的旗舰计划，凝聚了一批由欧美顶尖科学家和周边国家科学家组成的国际科研团队，成立了在中国北京、尼泊尔加德满都、美国哥伦布、瑞典哥德堡、德国法兰克福的 5 个实体科学中心，推动中国科学家跻身于第三极环境研究的国际第一方阵。

（4）在科技能力建设中发挥支柱作用。2003 年，中国科学院成立专门机构——中国科学院青藏高原研究所开展青藏高原研究。中国科学院青藏高原研究所成立后，围绕青藏高原地球系统科学前沿，研究深部圈层和深部－表层相互作用及其远程效应、地表圈层作用过程和机理及其相关重大科学问题，取得了独创的、里程碑式的重大科学成果，发展地球系统科学理论，引领国际青藏高原研究。截至目前，中国科学院已牵头构建了由 17 个野外台站组成的高寒区地表过程与环境观测研究网络，强化了青藏高原的平台网络和体系的建设。中国科学院还推动青藏高原生态屏障科学理念成为国家行动。中国科学院率先提出第三极国家公园群的理念，与国家林业和草原局共建国家公园研究院，成立三江源国家公园研究院，为我国国家公园建设提供借鉴和示范。中国科学院针对高原城镇化绿色发展、率先实现碳达峰和碳中和、跨境大气污染物预警和防治、高原江河湖泊流域生态环境调查与保护、国家公园规划与建设、冰川冻土退缩和草场退化区环境修复治理、资源开发和重大工程环境保护技术等未来环境风险压力大、科技需求多的重点领域，持续投入战略科技力量。

（5）在科技援藏中发挥骨干作用。中国科学院与西藏自治区加强合作，确定了"知识援藏、人才援藏、科技援藏"的工作方针，通过支持院属研究所与西藏自治区有关单位开展合作项目，开办西藏班接收西藏自治区管理骨干和青年科技人员到中国科学院挂职锻炼和进修，选派政治思想素质和业务素质强、学历高的中青年科学家组成科技团队到自治区政府部门和科研机构挂职等方式，为西藏的社会、经济发展作出贡献。

第四节　科技支撑青藏高原生态屏障区建设的战略体系

一、总体思路和基本原则

（一）总体思路

以习近平生态文明思想为指导，牢固树立"绿水青山就是金山银山、冰天雪地也是金山银山"的理念，聚焦构建青藏高原生态屏障区科技支撑战略体系，面向青藏高原生态安全屏障和生态文明高地建设等国家战略需求，突破气候变化和人类活动对青藏高原生态环境的影响与适应以及地球系统多圈层相互作用等科学前沿，发挥国家青藏高原研究战略科技力量作用和体系化建制化优势，补齐科技支撑青藏高原生态屏障区建设的短板，落实山水林田湖草沙冰一体化保护和系统治理的地球系统管理理念，从系统工程和全局角度统筹推进青藏高原生态屏障区建设，践行揭示青藏高原环境变化机理、优化生态安全屏障体系、推进青藏高原可持续发展的历史使命。

（二）基本原则

（1）坚持前沿突破与生态保护相结合的生态屏障优化原则。以对历史负责、对人民负责、对世界负责的态度，把生态环境保护作为区域发展的基本前提和刚性约束；发挥基础科学前沿领域的优势，推进生态环境保护基础研究，服务生态安全屏障体系优化。

（2）坚持技术创新与绿色发展相结合的科研成果转化原则。把握好生态环境保护和经济社会发展的平衡点，走生态友好、绿色低碳、具有高原特色的绿色发展之路；突破关键技术，加强科技成果在经济社会发展中的应用，服务区域绿色发展。

（3）坚持以我为主与多方协调相结合的国际合作原则。依托"第三极环境"国际计划，积极稳妥地开展以我为主的国际合作，牢牢把握国际合作主动权；积极融入世界气象组织、联合国环境规划署、联合国教科文组织等国际科技组织发展战略，发出中国声音，讲好中国故事。

（4）坚持科技发展与强边富民相结合的国家安全原则。坚持以人为本的发展模式，不断增进民生福祉，妥善处理涉及国家安全的各类风险，切实维护边疆安宁和团结发展的良好局面；遵循科技发展规律，统筹发展和安全，坚持守好国家安全的底线。

二、总体布局

在科技领域方向上，聚焦青藏高原生态屏障区气候变化应对、水资源保护利用、生态系统保护修复、生物多样性保护、环境污染风险与防控 5 个领域优化布局。

在科技任务计划上，国家自然科学基金委员会设立前沿研究方向的重大任务，科学技术部设立科技创新方向的重大科技任务，中国科学院设立面向国家需求的重大科技任务，各部委和地方设立地方性、专业化的科技任务，鼓励企业设立具有产业化前景的科技任务。

在科技力量组织上，形成以中国科学院为主力、院外力量为支撑的格局。结合各部委和地方科技力量，建设青藏高原研究的全国重点实验室集群。

在科技资源配置上，统筹整合国家与地方、中国科学院院内与院外、中国科学院内部各机构的科技资源，倾向支持围绕科技支撑青藏高原生态屏障区建设的战略任务。

在科技监测平台上，建立和完善青藏高原地球系统多圈层综合观测平台，建设冰冻圈灾害监测预警体系，为采取积极有效的主动应对措施提供支撑；统筹现有各行业和部门相关监测点/站（如 CERN 和 HORN），建设一批空白区监测点/站，实现空-天-地一体化监测。

三、阶段目标

落实《青藏高原生态环境保护和可持续发展方案》，围绕青藏高原地球系统多重变化影响下的生态屏障风险与战略应对，分阶段组织实施青藏高原生态屏障优化建设。

聚焦 2025 年，提升适应气候变化和防灾减灾的能力。

面向 2030 年，持续推进第二次青藏高原综合科学考察研究，发挥中国科学院青藏高原国家战略科技力量的优势，组建青藏高原国家实验室，构建起适应气候变化和防灾减灾的体系。

前瞻 2035 年，气候变化和高原生态环境保护基础研究处于引领地位，建立起以我为主的国际合作新格局，依托"第三极环境"国际计划等积极稳妥推进相关领域合作。

展望 2050 年，全面建成青藏高原国家生态安全屏障和人与自然和谐共生的绿色家园。

第二章

青藏高原生态屏障区气候变化应对

第一节 青藏高原气候变化基本情况

一、青藏高原气候系统在全球和区域气候系统中的重要性及其作用

(一) 青藏高原动力和热力作用及植被变化对亚洲季风和我国西部暖湿化的影响

青藏高原位于欧亚大陆的中东部,处于中纬度地区,在不同季节通过不同的物理过程影响环流系统和季风变化。

1. 青藏高原动力作用对亚洲季风的影响

20世纪40年代,人们对地形影响的认识主要是基于其机械动力作用(Queney,1948;Charney and Eliassen,1949)。在二维平面空间上,Bolin(1950)和Yeh(1950)研究了地形的作用,证明大气波动对地形水平尺度非常敏感:地形尺度减半则波动减幅超过90%;而且大地形对西风有显著的分流作用,分流在青藏高原东部汇合,这对东亚急流的形成起重要作用。地形对波动的垂直传播也有十分显著的影响(Eliassen and Palm,1961;Charney and Drazin,1961;Dickinson and Valloni,1980)。尽管地形和海陆分布数千年来没有显著变化,但是作用于地形的大气环流时刻在变化,因此大气受地形的反作用也时刻在变化。理论研究(Held,1983)指出,在基本气流很强时地形的机械作用比热力作用重要,在基本气流很弱时则地形的热力作用更为重要。Wu等(2007)的理论和模拟研究指出,冬季强大的西风气流正面吹向青藏高原,高原的机械作用不仅激发出高原东部的罗斯贝(Rossby)波,影响该地区的天气

系统，还能够激发出庞大的非对称偶极型环流，影响亚洲的冬季气候和冬季风格局，导致亚洲中纬地带内陆地区的气温比沿海地区偏高，形成印度干旱和中南半岛湿润气候并存、冬季高原西部出现大量低云和降水以及华南地区持续春雨的局面（Wu et al.，2007；Yan et al.，2016；Liu X et al.，2020）。相对于冬季，虽然夏季高原的动力影响较弱，但气流遇到大地形时沿等熵面的运动也对对流层低层的西太平洋副热带高压的形成有一定的贡献（Liu et al.，2008）。

2. 青藏高原热力作用对亚洲季风的影响

青藏高原地处副热带，夏季周边低层西风弱地形动力作用小，地形热力作用大，即夏季青藏高原对大气环流和季风的影响以热力强迫为主。

春、夏季强大的高原热力强迫在不同时间尺度对亚洲季风产生不同的影响（Wu et al.，2015；Liu Y et al.，2020）。在春季，高原东南侧西南风速中心的形成、亚洲夏季风最早在孟加拉湾东部的爆发和江南春雨的出现，都是高原机械和热力强迫的结果（Wu et al.，2007，2012a）。夏季平均的偏差流场在副热带地区形成环绕整个高原的气旋性环流，气流向高原辐合（Wu et al.，2007）。数值试验证明亚洲夏季风是热力强迫形成的，高原感热加强了对流层低层与高层环流以及热带与副热带季风环流的耦合作用，进而影响亚洲气候基本格局（Wu et al.，2012b；Liu et al.，2012）；青藏高原抬高欧亚大陆上空的对流层顶，影响南亚暖中心的形成与变化（Wu et al.，2015，2016；Liu et al.，2017）。

江南春雨最显著的变化周期是准双周，是高原感热加热的准双周变化的直接结果，高原暖的感热对应春雨的湿位相（Pan et al.，2013）。夏季强高原加热引发南亚高压准双周变化，对应了长江流域降水的东西振荡（Liu et al.，2007）。高原的位涡强迫显著影响了东亚夏季风的年际变化（Sheng et al.，2021），高原感热在20世纪后期减弱导致高原近地面气旋环流和西太平洋副热带高压减弱，是形成独特的"南湿北干"东亚季风降水异常的一个重要原因（Liu et al., 2014）。

高原热力强迫的变异还影响了中国东部极端降水事件的发生。夏季的高原是一个非常重要的涡旋发生地，低涡东移可引起长江流域的暴雨（陶诗言等，2008；马婷等，2016）；冬季高原位涡异常还引发垂直运动的异常，导致如2008年南方极端冰雪期的多数降水过程（Wu et al., 2020）。

3. 我国西部植被变化对暖湿化的影响

自20世纪80年代开始，青藏高原植被物候整体表现为返青期提前、枯黄期推迟、生长期延长的趋势（宋春桥等，2011；Zhang et al., 2013；Shen et al., 2014）。气候变化，尤其是气候变暖，是青藏高原植被增加的主要原因（Zhu et al., 2016；Piao et al., 2020）。不同于高纬度地区植被增加对气候变暖形成的正反馈作用，青藏高原植被生长对局地气候变暖产生负反馈效应（Shen et al., 2015）。植被的增加显著降低了植被生长季日间的最高温度，而对夜间最低温度的影响并不明显，因此表现为部分抵消了生长季平均温度的升高。研究表明，7月青藏高原地表温度与西北地区降水存在显著的负相关关系，当高原地表温度偏低时，能够激发高原和西北地区之间异常的经圈环流，导致西北地区降水偏多（Zhou et al., 2018）。

青藏高原植被增加的局地降温效应主要归因于蒸散发的降温机制，即植被覆盖度增加显著促进蒸腾作用，使得地表向大气传输的净辐射能量中，用于感热通量的部分显著减少，进而实现降温效果。Zuo等（2011）的研究表明，青藏高原植被的变化能够通过这一机制进一步引起南亚高压的东西摆动。当南亚高压偏西时，新疆北部降水偏多、新疆南部降水偏少（赵勇等，2018）。植被蒸腾作用的增加又可以通过调节局地水汽再循环引起降水增加，但研究表明这一过程所引起的降水增加显著弱于由大气环流的变化所引起的降水增加（朴世龙等，2019）。另外，植被的增加提高了土壤水源涵养能力。研究表明，高原东北部春季土壤湿度增加会使青海、甘肃等地夏季降水增多（高佳佳和杜军，2021）。

（二）青藏高原动力和热力作用对西风－季风协同作用的影响

青藏高原的隆起形成了一个高耸入自由大气的动力和热力强迫扰源，调控着亚洲乃至全球的大气环流、能量水分循环，也对全球气候与环境产生深远影响（Yeh，1950；吴统文等，1998；郑庆林等，2001；韦志刚等，2005；马耀明等，2006；Wu et al.，2007）。这一动力和热力作用对高原冬季风和夏季风有重要影响，特别是对南亚季风与东亚季风的影响更为显著，驱动亚洲季风首先在孟加拉湾东部地区出现（Ye and Wu，1998）。另外，西风和季风对高原能量与水循环也有显著的调控作用。

1. 青藏高原动力作用对西风－季风协同作用的影响

高原的动力作用主要体现在地形对大气动力过程的机械阻挡和摩擦效应上，这些效应具体表现为气流经过高原时的爬坡和绕流作用。早在20世纪50年代，叶笃正（Yeh，1950）就提出青藏高原对西风带有明显的分流作用，在高原南北形成两支明显的西风急流。由于高原地形的作用，冬季西风带气流在高原西侧分为南北两支，绕过高原后在东侧汇合，激发出强大的北侧反气旋、南侧气旋的非对称偶极型环流，导致南亚干旱、中南半岛和中国南方气候湿润以及华南地区持续春雨（Wu et al.，2007），还有一部分偏西气流爬升越过高原，在高原迎风坡形成上升运动（王政明和李国平，2023）。初夏季节高原动力作用在30°N一带有明显的升温效果，有利于北半球副热带西风减弱北移（黄凌昕等，2023）。夏季由于西风气流较弱，爬坡作用不明显，此时高原的动力作用主要体现在对西风气流的分流上。

高原地形的动力阻挡作用对季风环流的强度和走向有重要影响。Boos和Kuang（2010）的研究表明，相比高原的热源作用，高原南部的喜马拉雅山脉阻隔南亚次大陆暖湿空气，对于南亚季风有着更加显著的控制作用。喜马拉雅山脉阻挡了大部分海洋水汽北上，少部分气流沿高原东坡和南坡爬升，导致频繁的对流活动。同时，高原大地形对亚洲季风系统有牵引作用，钱永甫等（1995）指出东亚夏季风与地形有密切关系，高原大地形阻隔了西南季风的向北直接输送，而使季风沿着高原地形边缘活动，加强了印度季风水汽向东亚输送和亚洲季风向东延伸（徐祥德等，2001）。朱抱真等（1990）指出，如果没有青藏高原隆升地形的阻挡作用，夏季西南季风只能到达印度洋南部，我国大部分地区都将被偏西风和西北风控制，受下沉气流影响，将形成干燥气候。青藏高原的存在，诱使热带西南季风到达印度、缅甸，并有利于暖湿水汽向高原地区输送。

2. 青藏高原热力作用对西风-季风协同作用的影响

20 世纪 50 年代中期，叶笃正等（1957）和 Flohn（1957）分别提出青藏高原在夏季是强大的热源，其热力作用表现在感热加热和潜热释放。研究指出，高原感热通量和潜热通量有显著的日变化与季节变化特征，在初夏季节转换的过程中，青藏高原上的非绝热加热明显加强，导致高原北部的季风经圈环流加强和高原北侧副热带西风急流显著增强。高原热力作用是高原及其周边地区夏季环流形成以及亚洲季风爆发、发展和维持的重要原因（叶笃正等，1957；Wang et al.，2006），是决定亚洲季风爆发呈阶段性和区域性变化的一个重要因子，对亚洲季风多尺度变率起着不可或缺的作用（吴国雄等，1997，2013；Duan et al.，2012），影响着我国不同时间尺度的气候变异，与我国东部形成的"南涝北旱"的降水格局密切相关（Liu et al.，2012）。同时，Boos 和 Kuang（2010）指出，夏季高原暖湿空气的驱动力是高原及其斜坡上的感热。

受高原地表感热通量的驱动，青藏高原及其周边地区上空的大气在冬季存在强烈下沉运动，在夏季则存在强烈上升运动，犹如一个巨大的

"感热气泵",调节着高原地区从冬季到夏季风环流的突变(吴国雄等,1997)。青藏高原感热加热所造成的经纬向温度梯度逆转是导致亚洲夏季风爆发的重要因素(张艳和钱永甫,2002)。另外,高原的热力强迫作用能够通过增加孟加拉湾附近暖池以及调整对流层上层的南亚高压来影响亚洲夏季风的爆发(吴国雄等,2014),高原感热加热的区域性差异也会造成亚洲夏季风建立区域及爆发时间的差异(张艳和钱永甫,2002)。

作为西风和季风协同作用区的青藏高原有两个重要的水汽源,其中冬季以西风带来的西源的水汽为主导,夏季主要由季风输送水汽。季风爆发前高原地表主要是感热加热,季风期间降水带来的凝结潜热迅速增大,占主导地位。季风活动还可以通过影响当地天气条件来调节地表热通量的日变化(Wang et al.,2016)。

(三)青藏高原气候系统圈层异常及其对亚洲水分循环的影响

青藏高原是亚洲气候系统的一部分,季风和西风为青藏高原带来大量降水。在气候变暖背景下,青藏高原整体上呈现暖湿化,中西部地区降水增加,湖泊普遍扩张(Zhang et al.,2017)。降水增加与大西洋多年代际振荡(Atlantic Multidecadal Oscillation,AMO)密切相关。AMO引发了高原周边的环流异常,有利于阿拉伯海水汽进入高原西部,但是不利于水汽流出高原中部,从而触发了自20世纪末开始的明显的降水增加(Sun J et al.,2020)。高原南部气候变化则表现出不同的特征,自20世纪末开始,降水减少,湖泊收缩(Lei et al.,2014)。夏季西北大西洋海温的年代际变化激发出大西洋-欧洲-亚洲波列,对青藏高原夏季大气水分收支产生影响。南部降水变化以年代际变化为主,主要与赤道中西太平洋和东印度洋海温偶极子结构有关。后者触发自海洋性大陆到印度半岛的罗斯贝波列,再通过经圈环流引起了高原南部降水的年代际振荡(Yue et al.,2020)。

与此同时，青藏高原通过热力作用抽吸周边水汽，对南亚季风和东亚季风也产生强烈影响（Wu et al.，2007）。高原气候系统圈层（如冰冻圈、土壤圈）状态异常会引发热力作用异常，从而改变季风环流和周边地区的水分循环，尤以对冬春季积雪、土壤冻融、土壤湿度和土壤温度的影响最受关注。

高原冬春季积雪具有显著的热力效应和水文效应。积雪增加将弱化高原热力作用，导致东亚夏季风爆发延迟并减弱其强度。高原冬春积雪与来年中国南部及其长江中下游地区东亚夏季风具有较好的正相关关系（Chen et al.，2000）。高原积雪与南亚夏季风的强弱呈现负相关关系。但自 20 世纪 80 年代以来，这种负相关有减弱的趋势（裴宇菲等，2023；曹言超和王晓春，2022）。青藏高原积雪存在较大的空间差异性。春季青藏高原积雪偏多，初夏高原地区土壤湿度偏大，地面加热减弱，高原上空低压活动减弱，造成初夏长江流域降水偏少、华南地区降水偏多。当青藏高原南部冬春积雪偏多时，中国东部夏季降水雨带偏南；当青藏高原北部冬春积雪偏多时，中国东部夏季降水雨带偏北。在全球变暖背景下，青藏高原冬春季积雪总体呈现减少趋势，当地土壤湿度增加，使春夏季上空气柱温度下降，亚洲陆地与邻近海洋的热力差异减弱，东亚季风环流减弱，梅雨锋主要停滞在长江流域，导致我国降水的"南涝北旱"现象（贺程程等，2024）。

青藏高原土壤冻融状况异常可以影响地表非绝热加热，显著影响局地和中国东部夏季降水（Wang X et al.，2019）。在次季节到季节尺度上，青藏高原春季土壤融冻过程对后期（约 20 天）高原降水发生有促进作用。反映季节性冻土变化的高原最大冻土深度与中国 7 月降水有 3 条显著的相关带，降雨带的分布与中国夏季平均降雨带相吻合（王澄海等，2003），且南海季风建立时间和高原土壤冻结开始时间之间存在显著的负相关关系（王梓月等，2022）。高原冬季最大冻融深度或者季风前期冻土融化厚度则与东亚6~7月降水存在关系。当冬季最大冻融深度减少（增加）时，长江中下游流域一带6~7月降水偏多（偏少），而华南和华北降水偏少（偏多）（王澄海等，2003）。当季风前期冻土融化厚度异常偏大时，这条多雨带甚至可以从长江中下游流域延伸至日本南部（Li et al.，2021）。高原的土壤冻融过程可能提供了更长时间的土壤和地表的水热异常信号，可将气候预测时效延长两个季节，即前一年秋季的土壤湿度异常可以通过冻融过程的水分存储作用持续到春季，并影响中国东部夏季降水（Yang et al.，2019）。冬季，当青藏高原及附近大气冷源偏弱时，上空出现异常低压，我国南方对流层低层盛行异常偏南风，加强了水汽输送，从而对我国南方冬季的雨雪冰冻天气产生影响。

青藏高原土壤湿度异常会改变地表能量分配比例，从而影响高原大气加热，进而影响东亚和南亚降水。当高原东部的春季土壤湿度为正异常时，长江流域和东北地区的夏季降水偏多，而华南地区和黄河流域的夏季降水偏少（Yang et al.，2019）。此外，青藏高原春季土壤湿度与南亚夏季降水的年际变化显著相关。高原春季土壤湿度异常可解释南亚西北地区降水方差的20%~40%，中部降水方差的40%~45%，北部降水方差的25%~30%。当高原（尤其是东部）春季土壤湿度为负异常时，南亚东部和西北部夏季降水增加（>200 mm）；相反地，当高原春季土壤湿度为正异常时，南亚东北部、南部和西南部降水减少（约为80 mm)(Zhu et al.，2023）。

青藏高原春季土壤温度异常也被认为具有区域甚至全球气候效应（Xue et al.，2022），但仍需进一步探索。

（四）青藏高原动力和热力作用对全球大气环流和气候的影响

1. 青藏高原动力和热力作用对大尺度环流及遥相关的影响

夏季青藏高原的加热作用，造成当地强烈的上升气流，形成高原与太平洋和大西洋北部（包括欧洲南部）之间的纬向垂直环流，以及高原与南印度洋之间的经向垂直环流,并通过这些环流,青藏高原异常信号向外扩展到更大范围,对北半球和南半球大气环流产生影响(周秀骥等,2009)。夏季青藏高原大气加热变化激发出北半球波列,使高原异常信号沿着北半球西风急流向东、西两侧传播,形成中纬度和低纬度波列,影响着北半球大范围的气候变率(Wang et al.,2008;Zhang et al.,2017)。此外,高原加热还常常引起其上空大气温度升高,通过亚洲-太平洋大尺度遥相关,对亚洲-非洲季风区低压系统、北太平洋和大西洋副热带高压产生影响(Liu et al.,2017)。

图 2-1 展示了伊朗高原感热加热、青藏高原感热加热和凝结潜热释放及大气垂直环流之间的准平衡耦合系统——青藏高原和伊朗高原耦合系统(TIPS)。青藏高原上的感热-潜热相互反馈在 TIPS 中起主要作用;TIPS 的加热作用使对流层温度升高,抬升了其上空的对流层顶;高原加热在近对流层顶处激发出绝对涡度最小值和异常位涡强迫源,进而增

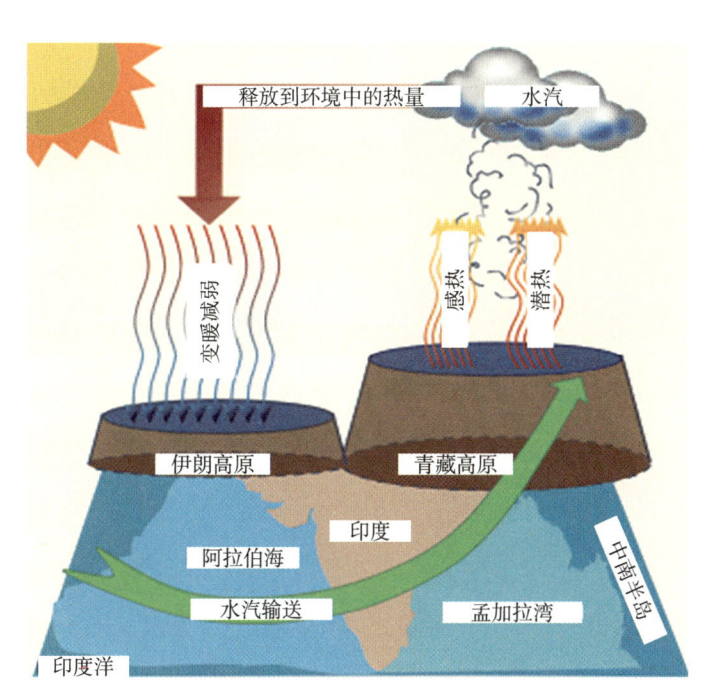

图 2-1 青藏高原、伊朗高原的热力强迫以及南亚的水汽输送所构成的一个相互反馈的耦合系统示意图

强亚洲季风经向环流，并在西风带中产生罗斯贝波列、影响北半球环流（Wu et al.，2016；Liu et al.，2017）。

2. 青藏高原动力和热力作用对全球气温降水的影响

夏季青藏高原热源偏强时，孟加拉湾、中南半岛、东南亚及日本海一带的对流活动明显加强，并通过亚洲－太平洋涛动（Asian-Pacific Oscillation，APO）遥相关引起非洲、南亚、东亚和北美洲中纬度的温度与降水变化（周秀骥等，2009；Zhao et al.，2018）。此外，夏季高原加热异常通过调节中纬度西风急流变率，对欧洲和东北亚夏季热浪的年际变率产生影响（Wu et al.，2016；Nan et al.，2021）；当夏季高原加热偏强时，高原上升气流加强，向西在地中海附近下沉，并激发出非洲的上升气流异常，加强了非洲大陆的低压系统，伴随着低层从东大西洋到非洲大陆的西风加强，从而对非洲降水产生影响。

3. 青藏高原动力和热力作用对海－气相互作用的调控效应

青藏高原加热异常还通过影响北太平洋和大西洋副热带反气旋对太平洋和大西洋海－气相互作用产生影响（Nan et al.，2009；周秀骥等，2009）。当春、夏季高原加热偏强时，大尺度环流和遥相关波列使中、东太平洋副热带高压加强，导致中、东太平洋的哈得来环流、热带辐合带及赤道信风加强，引起冷舌区上翻增强，从而造成赤道东太平洋海表温度降低（Nan et al.，2009；Wang et al.，2010）。另外，青藏高原热力作用还通过影响北太平洋和大西洋副热带高压来调节太平洋、大西洋中纬度海－气相互作用。当副热带高压加强时，异常反气旋性环流出现在太平洋中纬度，使其北侧海表向大气输送的感热通量和潜热通量减少，加强了表面纬向风应力对温度较高海水的向北输送，从而导致西北太平洋中纬度海表温度增加，而其东侧的海表温度降低（Zhao et al.，2018）。He 等（2019）通过模拟发现青藏高原－伊朗高原的热力强迫可以导致北阿拉伯海、北孟加拉湾以及印度尼西亚西海岸附近海温降低，同时使得热带印度洋海温升高,这个分布型与印度洋偶极子的分布非常相似。同时,高原热力强迫造成的海-气相互作用异常部分抵消地形的直接热力强迫作用。

(五)青藏高原大气成分变化对亚洲区域和全球气候的调节作用

青藏高原由于其高大地形的动力和热力作用,驱动周围的大气成分在水平和垂直方向上输送。青藏高原大气相对清洁,气溶胶含量相对较低。然而,卫星观测证实,青藏高原受到沙尘气溶胶和人为气溶胶的影响(Huang et al.,2007;Wang X et al.,2020)。青藏高原周围地区的气溶胶排放到大气中,在大气环流的作用下,被输送到青藏高原,对青藏高原的大气环境产生重要影响(Huang et al.,2007;Jia et al.,2015)。此外,青藏高原本地排放的沙尘气溶胶、细颗粒物极易被卷入西风急流,随西风急流向下游输送,使青藏高原成为沙尘在北半球长距离输送的重要沙尘源区之一(Fang et al.,2004)。青藏高原气溶胶的主要成分是沙尘、黑碳和硫酸盐/硝酸盐(Jia et al.,2019;Zhao et al.,2020)。虽然气溶胶在地球大气成分中含量很少,但其在环境污染和大气物理化学过程中具有重要的作用,最终影响天气气候。

气溶胶作为云凝结核,影响青藏高原云的特性,沙尘气溶胶作为冰核,可以激活青藏高原深对流云中气溶胶-云-降水的相互作用,沙尘粒子降低了对流云中冰粒子的有效半径,延长了云的寿命,并引发了高原上深对流云的发展,增强的对流不仅给青藏高原带来强对流降水,而且可能促进东部降水增加(Liu et al.,2019)。气溶胶增加的净地表太阳辐射吸收将导致青藏高原上快速融雪和对流层上层变暖,喜马拉雅山脉印度河-恒河平原上空的低层西南风增强和沙尘含量增加,导致青藏高原反气旋增强和东亚上空异常罗斯贝波列的发展,进而导致梅雨带向北移动和加强(Zhao et al.,2020)。

沙尘气溶胶主要通过改变短波辐射收支，影响青藏高原上大气的辐射收支和热力学结构，调节高原地表感热和潜热，影响青藏高原"热泵"作用（Jia et al.，2015）。青藏高原排放的沙尘气溶胶，通过减弱青藏高原热源，减小海陆热力差异，使东亚夏季风显著减弱。虽然青藏高原沙尘气溶胶在亚洲气溶胶总量中所占的比例相对较小，但它对亚洲季风和气候的影响似乎不成比例地大（Sun et al.，2017）。

对流层－平流层交换是控制对流层上层和平流层下层气溶胶与其他化学成分浓度的重要因素，它们可能通过化学、微物理和辐射过程对全球气候产生重大影响。亚洲夏季风区域是边界层大气成分进入全球平流层的一个重要通道，青藏高原由于其高大的地形，在其中具有重要作用（Bian et al.，2020）。亚洲夏季风区域对流层－平流层输送的贡献可能远远大于全球对流层－平流层运输的50%。随着亚洲经济的持续增长，亚洲地区温室气体排放对平流层气溶胶的相对重要性可能会增加。青藏高原对流云中气溶胶导致的对流增强不仅促进了降水，而且将更多的冰相水凝物输送到对流层上部，气溶胶浓度增加导致对流增强，促进了降水，增强了潜热释放，使对流层中层变暖，也将更多的水汽输送到对流层上层，使更多的水汽进入平流层下层（Zhou et al.，2017）。

（六）青藏高原气候变化与全球海－气相互作用的联动效应

1. 海－气相互作用对青藏高原气候的影响

全球海－气相互作用和相应的大尺度环流模态对青藏高原气候具有重要影响。在冬季，厄尔尼诺－南方涛动（El Niño-Southern Oscillation，ENSO）可以通过调节西太平洋对流活动和激发罗斯贝波列东传影响高原冬季气温和降雪（Shaman and Tziperman，2007；Wang and Xu，2018）。通过调节不同的大气环流系统，ENSO和印度洋偶极子共同导致了高原强降雪和相应的积雪异常（Yuan et al.，2009）。北极涛动与高原积雪深度联系紧密（You et al., 2011）。同时，北极涛动和西太平洋遥相关型的共同作用，可激发出高原东部罗斯贝波列，从而引起高原冬季降雪和积雪异常（Zhang et al., 2019）。

在夏季，印度洋变暖使得孟加拉湾和西北太平洋产生反气旋，进而导致青藏高原偶极型降水异常分布（Hu and Duan, 2015）。处于发展位相的 ENSO 对青藏高原西南地区夏季降水具有重要的调节作用。北大西洋涛动（Northern Atlantic Oscillation, NAO）通过激发罗斯贝波列影响青藏高原夏季降水的异常分布。前期，春季 NAO 还可通过调节北大西洋海温三极子将信号存储在海洋中，进而在夏季影响高原西部积雪。另外，南半球环状模通过调节海气热量传输，造成印度洋海温经向三极子分布，进而与夏季高原西部积雪产生紧密联系（Dou and Wu, 2018）。在年代际尺度上，大西洋多年代际振荡、热带中太平洋和印太暖池区温度梯度异常等对夏季青藏高原上空水汽、对流活动、气温和降水的年代际变化具有重要的调节作用。冬季青藏高原西部受低层中纬度西风带、阿拉伯半岛的副热带反气旋控制，形成冬季亚洲大陆上除中国南方以外的最大降水。该地区降水的年际变化受到 ENSO 和西风带中源于北大西洋波动的气旋活动共同影响（Liu X et al., 2020）。

2. 青藏高原气候与全球海–气相互作用的联动效应

青藏高原通过与全球海–气相互作用的联系塑造了现代气候格局。数值模拟显示，如果没有青藏高原，大西洋热盐环流将会中断，进而引起全球气候的改变（Wen and Yang, 2020）。在现代气候背景下，青藏高原在夏季表现为一个强大的热源，它可以通过大尺度垂直环流调节太平洋、印度洋和大西洋等地区的大气环流与气候，因而也与这些地区的海–气相互作用形成联动。

青藏高原加热可以调节亚洲–太平洋涛动（Liu et al., 2017），并以其为"桥梁"影响赤道中东太平洋海温（Nan et al., 2009）。高原热力异常还可通过调节北太平洋海面热交换和埃克曼输送引起次表层海温变化。高原热力强迫还可引起西南风异常，从而显著降低北印度洋海温（Wang X et al.，2018）。青藏高原和欧亚大陆积雪相互配合，有助于推迟孟加拉湾夏季风的爆发，引起热带印度洋东部的降水增加，并通过局地海－气作用导致印度洋偶极子的负位相。包括青藏高原在内的亚洲大陆异常加热不仅会引起局地对流层温度升高，还能导致高温向西扩展，在欧亚大陆和北大西洋形成异常反气旋，有利于北大西洋变暖。由此可见，通过大尺度环流和遥相关，高原气候或加热异常与很多地区的海－气相互作用产生联动。青藏高原和北极冬季降水具有明显联动性。

3. 青藏高原气候变化与海洋、大气联动对全球关键区域气候的影响及预测作用

青藏高原气候通过与海洋、大气的联动，也对全球一些关键区域的气候产生了协同影响。高原热力反馈在东亚夏季风对全球海温异常的非对称性响应中扮演了重要的角色（Liu Y et al.，2020）。高原加热增强与印度洋海盆尺度变暖分别调节南亚高压和西太平洋副热带高压，从而增加了东亚夏季风降水（Hu and Duan，2015）。高原和印度大陆非绝热加热的协同作用可产生三个水汽输送通道，共同影响了中国北方降水异常（Zhang et al.，2019）。

此外，青藏高原气候变化在与海洋、大气联动过程中也表现出信号传递效应，并由此产生了一定的预测作用。例如，青藏高原陆面过程可以传递前期冬春季太平洋海温异常信号，进而影响夏季APO。高原加热和积雪异常不仅独立影响中国夏季降水异常分布（Liu et al.，2014），还可作为NAO和ENSO信号的存储器与指示器，影响晚春东亚对流层低温和中国东部夏季降水（Wang X et al.，2018）。冬春季北大西洋海温三极子可以调控春季青藏高原热力和环流异常，显著影响南亚季风环流和降水从冬到夏的季节转换。综合考虑春季青藏高原对流层温度、高原西侧

（伊朗高原附近）积雪、土壤湿度以及太平洋前期海温信号，可明显提升长江中下游和华北-河套地区夏季降水的预测水平（Chen et al.，2021）。

综上所述，青藏高原气候与全球海-气活动之间表现出相互影响和响应的联动特征。在这种联动变化背景下，青藏高原气候变化与海洋、大气对全球关键区域气候产生了协同影响效应，并起到了重要的预测作用。

二、青藏高原气候变化事实

（一）现代气候变化

1. 近代青藏高原的气候变化特征

过去 2000 年，青藏高原的温度呈现波动式上升趋势，其间经历了 4 个明显的冷暖阶段，当前正处于升温阶段（陈德亮等，2015）。全球变暖背景下，以青藏高原为核心的"第三极"地区呈现气候变暖放大效应和海拔依赖性变暖两个主要特征（Zhang et al.，2013；Gao et al.，2018）。《人类活动对青藏高原生态环境影响的科学评估》（2022）指出，自 20 世纪 80 年代之后青藏高原变暖加速。从 1960 年开始，青藏高原地区平均降水变化呈不显著的微弱增加趋势。受高层西风急流南移和南亚季风减弱的影响，青藏高原地区降水趋势呈现南部降水减少、北部降水增加的偶极子型特征，与喜马拉雅地区冰川退缩和内陆湖扩张的现象一致（Yao et al.，2012）。相应地，气候系统和生态环境整治经历显著的变化，包括气候变暖和变湿、水循环加强、冰川消融、冻土退化和沙漠化加剧等。

2. 高原地表温度的变化

《人类活动对青藏高原生态环境影响的科学评估》（2022）指出，青藏高原温度在 1961 年至 20 世纪 70 年代相对稳定，80 年代之后迅速增加，目前高原正处于加速升温阶段。对于区域平均而言，1961～2010年的升温幅度约为1.5℃（每十年升温0.34℃），而20世纪80年代之后的增幅约为1.1℃（每十年升温0.43℃），接近全球升温幅度的1.5倍，即呈现高原变暖放大效应（Zhang et al., 2013；陈德亮等，2015）。高原变暖的另一个重要特征是海拔依赖性变暖，即变暖速率随着海拔的增加而系统性变化，该特征在全球高海拔地区普遍存在，但青藏高原地区最为显著，峰值出现在海拔5000 m以下，5000 m以上地区的升温幅度随海拔增加的特征不存在，甚至会出现下降趋势（Gao et al., 2018）。第六次国际耦合模式比较计划（CMIP6）的多模式及其贝叶斯模型平均值展现出和观测一致的升温趋势，但多数模式在青藏高原呈现气温低估的状态。

自20世纪60年代开始，高原大部分地区与日最低气温相关的极端事件（冷夜、持续冷期、霜日和冰冻日）的变化趋势普遍减弱，而与日最高气温相关的极端事件（热昼和持续暖期）则普遍从无显著变化转变为显著增强，其变化幅度高于中国和全球平均水平（吴雪娜等，2022）。

研究表明，对于高原变暖的原因，温室气体强迫主导了人为强迫导致的变暖（每十年升温0.30℃），而人为气溶胶则对此有削弱作用（每十年降温0.11℃）（Zhou and Zhang, 2021）。人为强迫的信号在高原东部极端高温和极端低温的长期变化（1958～2017年）中也可被检测到（Yin et al., 2019）。

3. 高原降水资源的变化

降水变化较气温变化复杂，研究时段和区域选择对降水变化趋势影响很大，内部变率起主导作用。区域平均降水序列表明，高原地区降水呈现较大的年际变率，整体而言，自1960年开始，青藏高原地区降水变化虽呈微弱增加趋势，但并不显著（You et al., 2012；Gao Y et al., 2014）。从1979年开始，青藏高原降水整体呈现暖湿化特征（Yao et al., 2019），其中降水变化呈现出在高原主体增多、在高原南部的喜马拉雅山脉一带减少的"双核"型趋势（Yao et al.，2012）。

《人类活动对青藏高原生态环境影响的科学评估》（2022）指出，1961~2018年青藏高原主体地区的年平均降水呈现增加趋势，以三江源地区最为明显，高原东南侧的降水显著减少。三江源地区春季降水在1979~2005年增加与人为强迫有关（Ji and Yuan，2018）。针对青藏高原主体的水汽和降水增加现象，前人研究所发现的信号主要包括：太平洋年代际振荡位相由正转负引起南亚夏季风爆发提前（Zhang et al.，2017）；北大西洋海温异常激发中纬度定常波列（Sun R et al.，2020）。青藏高原上空对流层高层西风急流存在南移趋势，南亚季风减弱，是由对流层低层偏东风异常和高层西风急流南移引起的偏西风异常共同导致的，体现了高原上空西风-季风对高原气候影响的协同作用（Yao et al.，2012）。相关工作从水汽输送变化的角度研究了青藏高原的降水趋势，关于水汽源地变化的结果却存在一定的争议。极端降水事件指标，如年总降水量、强降水日、最大日降水、湿天平均降水、湿天总降水量呈现增加趋势，但并不显著；最大连续5天降水、连续湿天、连续干天呈现减少趋势，而只有连续干天通过了显著性检验。CMIP6多模式降水模拟结果也反映出高原降水在空间上的巨大变化且呈现出较大的模型间差异性，部分模型对高原中西部降水低估较为严重。

4. 高原地表辐射收支变化

观测资料已经揭示出青藏高原地表气温的变暖放大现象在冬季最强、夏季最弱，理解高原变暖放大现象的季节依赖特征的关键是进行定量的辐射收支诊断分析。基于地表辐射收支方程，利用JRA-55再分析资料的诊断分析表明，1980~2017年，由高原地表积雪减少所导致的地表反照率正反馈过程是主导高原冬、春季变暖的主要原因，而决定高原夏、秋季变暖速率的因子为晴空向下长波辐射的变化。相比于其他季节，造成高原变暖速率在冬季最强的重要原因是地表反照率反馈与晴空向下长波辐射之间的协同作用（Gao et al., 2019）。

基于更为准确、复杂，能够覆盖不同大气层的气候反馈与响应分析方法（CFRAM），利用ERA-Interim再分析资料的诊断分析表明，主导高原中、东部地区年平均地表气温变化的关键物理过程为地表向大气输送的感热通量减少与大气水汽含量的增加。而主导高原西部地区年平均地表气温变化的物理过程为地表潜热通量、地表反照率以及云量的变化。定量来看，青藏高原整体1998～2016年的地表气温相对1979～1997年增加0.62℃，其中地表向大气输送的感热通量减少贡献了0.29℃，大气水汽含量增加亦贡献了0.29℃。对于夏季，相同对照时段内，虽然总云量的增加能够导致约1.0℃的冷却，但地表感热通量与大气水汽含量的增加能够分别解释0.48℃与0.46℃的温升，地表反照率反馈进一步通过增加地表净短波辐射，产生0.32℃的温升。这些过程的协同作用使得高原在夏季出现0.47℃的温升。对于冬季，高原出现0.58℃的温升。其中，地表向大气输送的感热通量减少能够解释0.26℃的温升，地表热含量的变化能够解释0.59℃的温升，而地表反照率的变化使得地表气温下降约0.19℃（Wu et al., 2020）。需要注意的是，关于地表反照率反馈的作用，在两种辐射收支诊断框架下的结论存在一定差异，这与再分析资料的质量、辐射收支诊断方法等有关。CMIP6多模式普遍高估了高原西部与东部的净辐射，但各模式均低估了高原中部地区的净辐射且低估程度存在较大的模型间差异。

（二）近期气候变化预估

1. 青藏高原地表温度的近期气候变化预估与预测

观测分析表明，青藏高原及其周边山脉地区正经历近2000年前所未有的升温，且变暖呈现显著的加速态势（陈德亮等，2015）。1961～2020年，青藏高原气温的升温速率每十年超过0.4℃，高于同期北半球与全球平均升温速率。快速升温已导致高原地区出现冰川退化、冻土消融、湖泊扩张、沙漠化加剧及水循环加强等一系列环境问题（Yao et al.，2019）。应对青藏高原气候变化需要及时、有效的未来气候变化预估。其中，时间跨度为20年（2020～2040年）的气候变化信息，对于气候脆弱区的生态保护、区域发展规划和水资源管理等科学决策的制定具有重要参考价值。

CMIP6高分辨率全球统计降尺度多模式预估数据的分析结果表明，20世纪70年代以后地表温度上升明显。过去三个10年（1991～2020年）的地表温度已连续高于1850年以来的任何一个10年，而且每个连续10年都比前一个10年更暖，2019年全球平均温度较工业革命前高出约1.1℃，青藏高原地区的升温幅度是全球的2倍以上。模式预估的高原西部升温强于高原东部，冬、春季变暖强于夏季。另外，高原升温幅度与全球平均升温幅度存在显著相关，即模式预估的全球平均升温越强，高原升温越强。青藏高原地区极端高温的变化与年平均气温变化较为类似，表现为高原西部升温较强、东部升温较弱。在共享社会经济路径（Shared Social-Economic Pathway，SSP）高排放情景（SSP5-8.5）下，日最高气温最大值将增加1.6℃（不确定性范围为1.1～1.8℃）。而极端低温变化的空间分布与年平均气温变化存在差异，极端低温增加的高值中心位于高原南部。极端低温（日最高气温最小值）在近期将升高1.7℃（不确定性范围为1.3～1.9℃），升幅高于极端高温的升幅。

2. 青藏高原降水资源的近期气候变化预估与预测

青藏高原及其周边山脉是除南、北两极之外冰川分布最为集中的地区，作为亚洲10多条重要河流的发源地，供给了约16亿人口的生活和工农业用水，被誉为"亚洲水塔"（Xu et al.，2008）。青藏高原水资源储量的变化取决于降水的变化（Zhang et al.，2013）。观测分析表明，1960～2012年，青藏高原地区降水整体呈现增加趋势，增加速率约为每十年增加 2.2%（陈德亮等，2015），但南北差异显著，降水趋势呈南部地区显著减少、北部地区显著增加的特征。随着降水的变化，高原中西部地区湖泊水位显著上升、部分冰川面积略有扩张，而南部地区湖泊水位显著下降、冰川退化（王英珊等，2024）。

CMIP6 多模式预估数据的分析结果表明，随着气候变暖，高原地区平均降水量增加，其中以夏季降水增幅最为明显。在 SSP5-8.5 高排放情景下，青藏高原地区年平均降水量在近期将增加约 0.14 mm/d（不确定性范围为 0.08~0.18 mm/d），高原南部降水量的增加较北部明显，夏季增幅最强。极端降水（年最大日降水量）在近期将增加 3.49 mm（不确定性范围为 2.81~4.17 mm），高原南部极端降水增加更多。对于极端干旱事件，CMIP6 多模式预估的青藏高原地区最长连续干期的变化呈南北偶极子型，即在高原中部和北部缩短而在南部和西部延长。同时，就高原地区平均而言，最长连续干期将减小 0.59 d（不确定性范围为 0.04~0.98 d），最长连续干期在高原整体呈缩短趋势（Fan et al.，2022）。

WMO 基于国际多个年代际业务预测系统的实时预测试验的评估结果表明，相较于 1981~2010 年，高原地区 2021~2025 年的多年平均降水量将增加 0.1~0.2 mm/d。基于 CMIP6 年代际气候预测计划的多模式年代际试验数据的分析表明，羌塘高原夏季降水量具有显著的年代际可预报性。实时年代际预测试验表明，羌塘高原夏季 2020~2027 年的降水量相对于 1986~2005 年将增加 0.27 mm/d，增幅约为 12.8%（Hu and Zhou，2021）。

3. 外强迫与内部变率对青藏高原近期气候变化的影响

影响青藏高原近期气候变化的因子包括外强迫与气候系统内部变率，合理评估高原地区近期气候变化需要综合考虑外强迫与气候系统内部变率的影响。外强迫的变化包括自然强迫（太阳活动、火山喷发到平流层的气溶胶影响等）和人为外强迫（温室气体排放、气溶胶排放、土地利用变化等）。基于 CMIP6 多模式预估数据与最优指纹法检测和归因分析的结果表明，高原地区在 1961~2005 年升温约 1.23℃，其中 1.37℃可归因于人类活动排放的温室气体的影响，而人为气溶胶的作用部分抵消温室气体的影响（Santer et al.，2023）。

基于观测资料与气候代用资料的研究表明，高原地区气候变化受到火山活动的显著影响。在火山爆发后的当年或次年，高原地区呈现地表气温下降、降水减少的特征（Wang et al.，2021）。尤其是北半球强火山的爆发，其对高原气候的影响可持续两年（Wang et al.，2021）。全球气候系统内部变率主导模态包括太平洋年代际变率（Pacific Decadal Variability，PDV）、大西洋多年代际变率（Atlantic Multidecadal Variability，AMV）等。基于观测与再分析资料的研究表明，由正位相 AMV 相关的暖海温异常所激发的大气遥相关是 1979 年以后高原地区温度升高、降水增加的年代际变化产生的重要原因（Sun J et al.，2020）。而 PDV 能够影响南亚季风，进而通过水汽输送影响高原南部地区降水变化。

CMIP6 多模式预估数据的分析结果表明，青藏高原地区近期气候变化受到不同未来排放情景的影响较小，而受内部变率的影响较大，其影响超过了模式差异导致的不确定性（Santer et al.，2023）。受温室气体的影响，高原地区在近期地表温度将升高、降水量将增加。对于气候系统内部变率，由于其信噪比随时间减小，准确评估高原地区近期气候变化需要气候系统内部变率的预测信息。实时年代际预测试验表明，未来 5 年，北大西洋经圈翻转环流异常将维持负位相，与之对应的 AMV 海温将呈现负异常。

（三）中长期气候变化预估

1. 平均温度中长期变化预估

21 世纪，青藏高原地区年平均地表温度持续升高，且在高排放情景下，升温幅度更大，不同排放情景间升温幅度的差异随时间增大（图2-2）。在 SSP1-2.6、SSP2-4.5、SSP3-7.0 和 SSP5-8.5 排放情景下，青藏高原地区的升温速率分别为 1.24℃/100 a、3.33℃/100 a、5.68℃/100 a 和 7.59℃/100 a。在不同排放情景下，各模式表现出一致的青藏高原地区升温速率超过全球平均值。多模式结果表明，21 世纪末，青藏高原地区气温增幅约为全球平均气温增幅的 1.6 倍，是全球气候变化的敏感区。

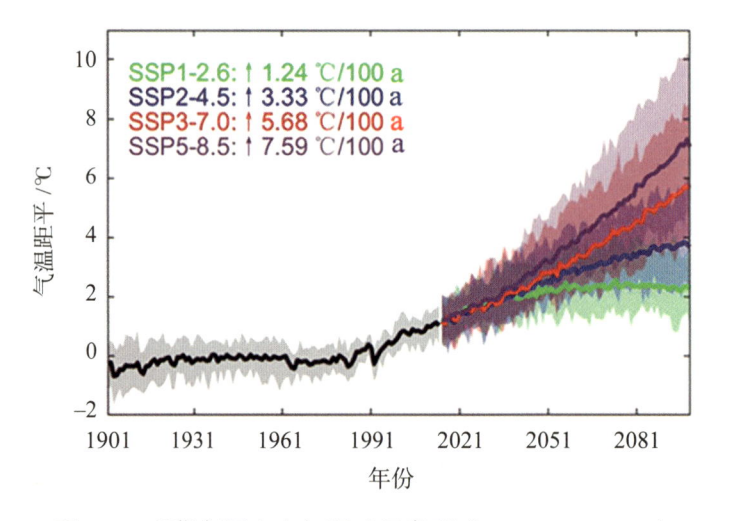

图 2-2　青藏高原未来气温时间序列（Fan et al.，2022）

青藏高原地区未来升温幅度在不同区域存在明显差异，海拔较高的西部较海拔较低的东部升温幅度更大。当前气候中，高原地区的升温速率也存在这样的海拔依赖性。在季节尺度上，青藏高原地区在不同季节的地表气温均呈上升趋势，但升温幅度在不同季节存在差异。其中，冬季和春季升温幅度相对更大，夏季升温幅度较小，这与冬、春季冰雪反照率反馈过程有关。

2. 平均降水中长期变化预估

受全球变暖影响，21 世纪青藏高原地区平均降水量增多。其中，在高排放情景下，降水量增加更明显，不同排放情景间的差异随时间增大

（图 2-3）。在 SSP1-2.6、SSP2-4.5、SSP3-7.0 和 SSP5-8.5 排放情景下，青藏高原地区降水的增加速率分别为 0.44 mm/a、0.76 mm/a、1.27 mm/a 和 1.77 mm/a。与气温类似，青藏高原地区降水量的增幅超过全球平均水平。到 21 世纪末，多模式预估结果中青藏高原地区年平均降水量增幅约为全球平均的 2.7 倍。

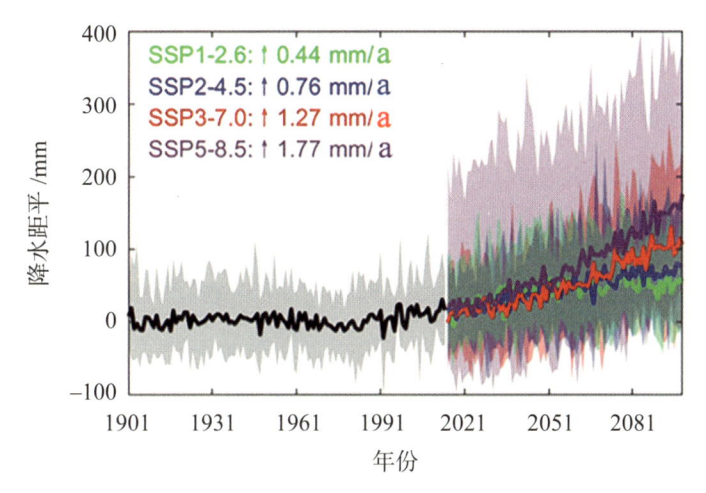

图 2-3　青藏高原未来降水时间序列（Fan et al.，2022）

在空间分布上，不同区域降水增幅存在差异，其中高原南部降水量的增幅（绝对值）较北部更多。相对于 1986～2005 年，降水增幅在中期和长期的空间分布基本一致。若关注降水相对于当前气候的变化率而非绝对值，降水未来预估结果的空间分布则存在差异，高值区位于高原西南部至中部（胡芩等，2015）。在季节尺度上，各季节的降水量均增加，其中增幅在夏季达到最大。未来预估中，尽管南亚夏季环流减弱，但气候变暖引起的水汽含量增加导致来自印度洋和孟加拉湾的西南水汽输送增强，有利于高原南部的夏季降水增加。

3. 极端温度与极端降水的中长期变化预估

CMIP6 多模式模拟的气温极值及降水极值指标在未来均呈现增加趋势。Fan 等（2022）选取了 4 个极端温度指标，即 TXx（极端高温事件)、TNn(极端低温事件)、TX90p(暖昼日数)和 TN90p(暖夜日数),预估了 CMIP6 多模式在青藏高原未来不同情景下气温极值的变化。在 SSP1-2.6、SSP2-4.5、SSP3-7.0 和 SSP5-8.5 排放情景下,青藏高原地区 TXx 的增加速率分别为 1.3℃/100 a、3.46℃/100 a、5.71℃/100 a 和 7.54℃/100 a;TNn 的增加速率分别为 1.34℃/100 a、3.88℃/100 a、6.87℃/100 a 和 9.28℃/100 a;TX90p 的增加速率分别为 12.81℃/100 a、33.84℃/100 a、54.92℃/100 a 和 70.46℃/100 a;TN90p 的增加速率分别为 14.31℃/100 a、40.53℃/100 a、64.95℃/100 a 和 78.64℃/100 a。在高排放情景下,气温极值增加幅度更大,不同排放情景间升温幅度的差异随时间增大。相比而言,基于 CMIP6 多模式的 R×1day(一日降水量极大值)、R×5day(五日降水量极大值)、R95p(非常湿润天)、R99p(极端湿润天)模拟结果高估了青藏高原东南部的极值降水。而 CMIP6 多模式在模拟东南亚降水极值时存在低估的情况(Liu Z et al.,2023)。

第二节 青藏高原气候变化应对的重大科技需求

在未来极端气候事件可能增多增强的情景下,为满足应对青藏高原气候变化的社会经济需求,亟须开展青藏高原气候变化的科学机理、监测预警、检测归因、预测预估及其气候影响方面的科学任务。建立和完善高原气候变化的多圈层综合监测系统,发展高原气候变化的预警技术与系统,为采取积极有效的主动应对措施提供技术支撑;加强青藏高原气候变化的基础科学研究,发展青藏高原气候变化的检测归因、预测预估系统,深入理解季风和西风影响高原气候变化的机理;科学评估高原气候变化对全球气候、冰冻圈、生态系统和水文过程的影响,为适应气候变化工作指明目标和方向。

一、高原气候变化监测系统

在气候变化背景下，青藏高原生态环境的变化不仅反映在水环境（冰川、积雪、冻土、湖泊、湿地）与植被环境（草地、荒漠、森林、灌木等）方面，而且影响生态系统的关键生态过程——碳氮循环过程及高原区域和全球大气污染的输送与交换。青藏高原对我国、亚洲乃至北半球的人类生存环境和可持续发展起着重要的生态屏障作用，其生态环境的变化直接影响着高原经济社会的可持续发展，甚至我国的国际地位。尽管针对青藏高原气候变化已经开展了大量的观测和研究，但将青藏高原气候环境变化作为一个整体进行系统的监测及综合的研究仍然匮乏。

因此，通过在青藏高原全域开展大范围的综合系统监测，进而开展西风–季风历史演化及相互作用机理、气候变化与西风–季风协同作用、地气相互作用及其气候效应、西风–季风相互作用对青藏高原变化的影响、西风–季风相互作用及其环境效应等研究，解析不同时间尺度西风、季风的演化特征、规律及其与全球变化的关系，现代西风–季风相互作用对青藏高原环境和灾害的影响、地气相互作用的远程效应等，对于深入揭示青藏高原气候变化机制和减小对气候环境变化认识的不确定性具有重要战略意义与科学价值。同时，为青藏高原的生态环境保护、生态安全屏障建设和经济社会发展规划与决策制定提供了重要科学依据。

青藏高原大地形动力、热力作用可以导致北半球大气环流型发生显著变化，并在特定的动力、热力过程背景下，通过波流相互作用对灾害性气候事件的发生产生影响。在西风–季风协同作用下，受不同尺度复杂地形、下垫面和辐射等共同影响，高原天气气候系统复杂多变，独具特色，是雪灾、风灾、暴雨、雷电等极端天气气候事件和山洪、雪崩、冰崩和泥石流等次生天气灾害的频发区域，同时移出高原的极端天气系统也是造成高原周边和高原东部地区灾害频发的重要原因。因此，建立青藏高原气候变化综合监测系统，通过对监测资料进行综合分析研究，是揭示高原极端天气气候事件产生的机理、演变规律、变化趋势及其影响，也是提高我国对青藏高原极端天气气候事件的预报预测和灾害风险评估水平及科学防范和应对能力的重中之重。

建立青藏高原气候变化综合监测系统，是完善全国乃至亚洲地区气候变化监测网络的重要环节。随着全球气候变暖的加剧，各地极端天气与气候事件多发，给包括中国在内的亚洲国家造成了严重的经济和人口损失。随着高原气候研究的深入，青藏高原气候变化与周边地区极端气象事件的关联性逐渐明晰。然而，针对高原整体气候环境变化的监测系统，及其基础之上的气候变化规律研究仍然薄弱（尤其在高原的西北部地区）。而建设高原气候变化监测系统对于研判气候变化、预报极端气象事件、增强中国在亚洲地区气候变化研究的影响力具有基础性作用，有利于促进全球气候共同治理，减轻气候异常对包括中国在内的周边国家的人口及经济的负面影响。

二、高原变化的全球气候影响

开展基于多数据、多方法集成的全球气候变化对高原影响的研究。基于场地观测、遥感、再分析和模式数据，以及人工智能的超分辨率重建技术等，加紧开展各类数据在青藏高原的适用性研究；结合各类数据的优缺点，融合多源数据、多种方法开展集成研究；为高原变化的全球气候影响研究提供数据基础、模拟和预估，减少其中的不确定性。此外，改进高分辨率的气候系统模式，加快开发具有我国自主知识产权的气候系统模式，模式中要重点考虑青藏高原独特的动力和热力特征，利用模式可以比较全面地模拟和预估高原变化的全球气候影响。

三、高原气候变化的检测归因和模拟预测系统

受其高海拔和独特地理位置的影响，青藏高原是全球气候变化最敏感的地区之一，气候变化特征独特且成因复杂。尽管针对青藏高原气候变化机理已经开展了大量研究，但对高原气候变化成因仍存在争议。除了受到高原地区观测匮乏的限制外，人类活动导致的辐射强迫、气候系统内部变率、高原局地陆-气相互作用的复杂性，是阻碍理解高原气候变化机理、开展高原气候变化可靠预测预估的另外一个重要原因。为满足应对青藏高原气候变化的社会经济需求，需要针对不同时间尺度的高原气候变化，建立检测归因和模拟预测系统，以厘清不同时间尺度上人为辐射强迫变化和气候系统内部各个分量相互作用对高原气候变化的影响。

首先，建立青藏高原气候变化的检测归因系统。开展青藏高原地区水循环和极端天气气候事件的检测归因研究，以厘清人类活动和自然变率对观测气候变化贡献的基础。检测归因研究以高质量的观测资料和数值模拟为基础。建议加快构建青藏高原气候变化观测数据集，结合代用记录，提供时间跨度长、分辨率高、均一化的多要素观测资料。同时，针对高原复杂地形须开展高分辨率的分离强迫（包括人为强迫、自然强迫）历史气候模拟试验，以合理分离和量化人类活动与自然变率对高原气候变化的影响。

其次，建立高原气候的次季节至季节预测系统。次季节至季节气候模式系统将从时间、空间尺度和预报要素等方面全面提升预测能力，但困难仍然不小。实现天气和气候模式一体化，需要同时兼顾天气与气候两个层面，模式水平分辨率、尺度自适应物理过程参数方案和大气、海

洋、陆面与海冰初始化过程尤为重要。针对青藏高原地区，模式中陆表温度和雪盖初始化对"次季节–季节预测"的影响、陆面过程和海温在"次季节–季节预测"中的相对作用、陆面过程和海温如何协同提高次季节尺度的可预报性都是有关高原次季节至季节预测系统关键的科学问题。通过新的气候模式系统来驱动预报系统，实现天气和气候一体化"无缝隙"预测，即"两周—月—季节—年—年际"尺度的预测，开展高原气候次季节至季节变化的可预报性，为高原极端事件预警、水资源和生态管理及经济社会生活提供可靠的技术、数据和科学支撑。

再次，建立高原气候变化的年代际预测系统。需要预测高原气候的年代际变化，同时考虑辐射强迫变化和气候系统内部各个分量的相互作用，其中后者是主要的难点。目前的年代际预测系统主要通过同化海洋观测资料，对气候系统模式进行初始化，从而开展气候预测。基于此方法，能够将海洋引入模式，对全球大尺度变率模态具有一定的预测功能。但是，它未考虑陆面和大气的状态，因此对高原气候预测具有极大的局限性。未来需要发展能够同化大气、海洋、陆面观测数据的耦合同化初始化系统，提高气候系统模式对陆–气、海–气相互作用过程相关的变率信号的同化精度，提升针对高原年代际预测的能力。

最后，建立高原气候变化的大样本预估系统。高原未来30年以上的中长期预估，事关我国碳中和目标的实现及相关政策的制定。考虑到中长期预告中气候模式偏差、气候内部变率和情景选择的影响，需要建立大样本集合预估系统。选取工业革命前准平衡态下对高原气候年代际变化具有重要影响的太平洋年代际振荡和大西洋多年代际振荡位相的不同组合，以及大西洋经向翻转环流的不同强弱状态对应的气候系统初值，生成大样本集合模拟。在不同的社会经济情景下开展未来气候预估，用于厘清高原中长期气候变化机理，为中国绿色发展战略目标的制定提供客观科学依据，为开展不同排放情景下的气候风险及影响研究提供基础资料。

四、季风和西风影响高原变化的机理

大量的观测与研究结果表明，印度季风系统、中纬度西风系统、东亚季风系统和高原季风系统是影响高原气候变化的四大气候系统。研究不同时间尺度上西风、季风的演化特征与规律，及其对高原气候影响的协同与差异，是理解高原气候环境变化的关键科学问题。但当前研究多采用"由上至下"的视角，关注某类西风或季风模态对高原气候的影响，缺乏不同西风、季风模态对高原不同地区气候变化相对贡献的"由下至上"的整体性研究。

针对季风与青藏高原降水的年代际变化关系及机理，相较于年际变率，目前对青藏高原降水年代际变化机理的研究较为薄弱。南亚季风的水汽输送是青藏高原地区重要的水汽来源，明晰南亚季风与青藏高原降水在年代际尺度上的关系及相关机理，有助于理解青藏高原降水的历史气候变化和未来预估结果。

在中高纬度强迫影响青藏高原变暖速率的机理方面，青藏高原地区在20世纪80年代之后迅速升温，除人类活动以外，中高纬度强迫，如大西洋多年代际振荡等气候系统内部变率也会影响青藏高原温度的变化。明晰北大西洋对青藏高原历史升温速率的影响和机理，有利于减小温度近期预估结果的不确定性，从而给出未来10～30年更可靠的升温幅度。

因此，需要基于历史气候重建资料与现代气候器测资料，结合气候系统模式数值模拟试验，在厘清不同时间尺度上影响高原气候变化的关键西风、季风模态及其相对重要性的基础上，研究关键西风、季风模态影响高原气候变化及其协同作用的物理机制。此外，由于西风、季风作为主要的大气圈分量系统，当前研究多关注西风、季风对高原单一圈层

的影响，将来亟须从跨圈层相互作用的视角开展西风、季风影响高原气候的研究。

五、气候变化对高原水文过程的影响

发展能刻画青藏高原典型地表过程和大气过程的高分辨率气候系统模式，完善地表水－地下水、冰川－河流－湖泊、高寒生态水文与冻土水文耦合的综合表层水循环模型；加快长序列、高精度、高分辨率气象数据集的研发，以反映地形复杂地区和高山区的降水分布与雨、雪变化；揭示全球气候变化与区域水文过程的关系，冰雪主要作用区的气候变化与水文变化、冰冻圈变化和植被变化的水文效应，以及高原周边地区水文灾害的形成过程及气候变化影响。

第三节　青藏高原气候变化应对的战略重点

一、加强高原气候变化的基础研究

（一）青藏高原气候变化基础研究现状

作为全球气候变化的驱动机和放大器，青藏高原的气候变化具有超前性，位相变化早于我国东部 4~8 年（冯松等，1998），其对气候变化的响应和反馈不仅关乎该区域的生态安全，对亚洲乃至北半球的气候预测也至关重要。目前，关于青藏高原的气候变化研究已经取得了一些共识：高原正在暖湿化，平均升温速率约为全球同期升温速率的 2 倍，雨季延长，降水量总体趋于增加，冻融循环中冻结作用趋弱而融化作用增强，湖泊个数和面积均呈增加趋势（闫立娟等，2017）等。然而，目前还有许多难题尚未解决。首先，一些气象变量的年代际变化趋势尚未明确，如近地面风速可能出现了由减小转为增大的不同趋势（王慧等，2021），利用经验方法与物理方法计算得到的感热通量的减弱速率相差极大（阳坤等，2010）等。其次，气候变化对个别气象变量的双重影响有待探讨：气候变暖在增加降水的同时也增强了蒸散发，只有精确测定二者的增速差异才能明确对干旱情况的影响；升温虽然提升了光温生产潜力，但也使高原第一大粮食作物青稞等喜凉作物的生长季显著缩短，不利于有机质的积累，造成对农业的双重影响（弓开元等，2020）。最后，高原气候系统中的反馈过程有待进一步研究。例如，一方面，植被增加、蒸散发增强的局地降温效应对升温有负反馈的抑制作用；另一方面，冰川加速融化、地表反照率降低又增强了净入射辐射而构成正反馈，因此高原高寒生态系统对气候暖化的反馈机制需要深入研究。综上，青藏高原气候变化的基础研究已经取得了可喜的研究成果，但在成果的系统性和深入性上还存在明显不足。

（二）设立青藏高原气候变化研究专项

青藏高原是对全球气候变化最敏感的区域之一，是"水-土-气-生-冰"多圈层的集合体，其气候及生态环境变化等直接影响该地区及我国生态安全屏障建设。尽管国家自然科学基金委员会、科学技术部和中国科学院已经设立针对青藏高原地-气耦合系统变化及其全球气候效应的研究专项，在一定程度上促进了对青藏高原能量和水分循环过程以及高原水热变化对周边天气和气候的影响的定量理解，但是专门针对青藏高原气候系统变化的基础研究仍显得较为薄弱，现有研究力量较为分散，缺乏国家层面的统筹规划。为此，亟须围绕青藏高原气候变化及其应对的关键科学问题，设立具有前瞻性、战略性的气候变化研究专项，汇聚青藏高原气候变化研究领域的优势科研力量，集中力量进行攻关，产出一批系统性、原创性、引领性的科研成果，从而服务于青藏高原气候变化应对及生态屏障建设的国家战略。

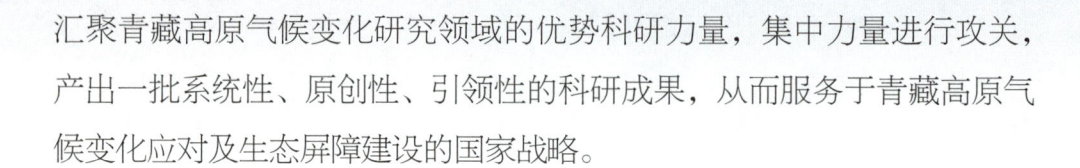

二、提高高原气候变化监测水平和评估预警能力

（一）提高青藏高原气候变化监测水平

近年来，青藏高原暖湿化显著，极端高温和极端降水事件频繁发生，面对日益严峻的气候变化形势，我国已经在青藏高原地区先后进行了多次大型野外科学试验，并初步建立青藏高原空－天－地一体化观测网。但是，青藏高原面积广袤、自然环境严酷，高原气候系统综合观测站点稀疏的问题仍然存在，特别是高原西部及西北部地区仍然缺乏有效的地面观测，高原部分地区观测站点布设密度较低。当前对青藏高原多圈层综合观测不足，冰冻圈观测相对薄弱，制约了卫星遥感反演精度验证和数值模式物理过程参数化的发展。为了进一步科学认知敏感区气候变化风险，还须统筹优化青藏高原气象－生态－水文－环境综合观测站网布局，重点提升多圈层、多要素的综合协同观测能力。

我国陆续在青藏高原地区开展了一系列的综合科学考察和大气观测试验，包括如下：第一次、第二次青藏高原综合科学考察，第一次、第二次、第三次青藏高原大气科学试验，全球能量水循环亚洲季风青藏高原试验研究（GAME/Tibet），全球协调加强观测计划亚澳季风之青藏高原试验研究（CAMP/Tibet），等等。在青藏高原及周边地区建立了气候系统综合观测站网，开展了热源观测、边界层与对流层观测，可用来对各种遥感反演算法及各类数据产品进行评估验证，也可为陆面模式物理过程参数化方法的验证、发展和改进提供数据支撑。此外，还利用探空气球、多基地雷达和飞机观测等，对高原边界层、对流层和平流层过程以及云降水物理过程开展研究（马耀明等，2006；Ma et al.，2009；Fu et al.，2020）。但青藏高原地域辽阔、自然条件恶劣，在高原西部及西北部地区仍然存在观测盲区。此外，对冰冻圈的观测还不够，虽然近些年逐步增加了一些积雪和冻土观测站点，但没有统一的观测标准，观测要素也不尽完善。

卫星观测可以将地面观测数据从站点尺度扩展到区域尺度，国内外学者结合多源卫星遥感数据，在高原地气水热交换研究等方面都取得了诸多具有重要价值的研究成果（Ge et al.，2021）。随着观测技术的不断革新，如何将不同时空尺度的地基、空基和天基观测综合集成，形成一套更加全面、准确、时空分辨率高的气候观测数据集，优化青藏高原气候变化综合观测布局，提升青藏高原气候变化的监测水平，更好地服务于青藏高原气候变化研究，应是当前关注的重点。

（二）提升青藏高原气候变化评估能力

青藏高原是对全球气候变化最为敏感的地区之一，近50年青藏高原暖湿化显著，且未来仍将保持变暖趋势。随着全球气候变暖及环境变化效应叠加，青藏高原复合型灾害风险加剧，呈现高强度、高频率、突发性、群发性等特点。如何提升青藏高原气候变化科学评估能力，是提升青藏高原气候变化适应能力、保障生态环境保护修复与可持续发展的重点。

受气候系统内部变率、模式对外强迫响应以及排放情景的不确定性三个方面的影响，数值预报模式对青藏高原的气候变化模拟研究还存在很大的不确定性（段青云等，2016）。首先，气候系统内部存在年际－年代际气候变率，且青藏高原近期气候变化预估受内部变率的影响很大，加之各圈层复杂的非线性相互作用，其不确定性在数值预报模式中难以人为控制和量化，使得近期—中期的气候变化预估存在相当大的不确定性（周天军等，2021）。其次，模式对外强迫响应的不确定性与模式中物理过程参数化方案和动力框架的设计有关。当前以 CMIP6 为代表的全球气候模式在高原上存在"冷偏差"和"湿偏差"，且水平分辨率大多较低，无法反映出高原大地形的影响。气候模式中大气云辐射参数化过程对云辐射特性的表征能力不足，多数模式低估了高原地区年平均大气顶能量收支和云辐射冷却效应的强度。与地表状况（特别是积雪和地表反照率）有关的陆面过程模拟偏差也是造成高原地表温度"冷偏差"及变暖趋势模拟偏差的重要原因（Gao et al.，2018）。最后，温室气体排放情景数据与未来技术发展和社会经济政策密切相关，对于青藏高原而言，这些情景能否表征未来可能的排放，以及每一种排放情景可能发生的概率都具有较大的不确定性（陈泮勤等，2010）。此外，人为跨境污染物尤其是吸光性气溶胶黑碳和粉尘也是造成高原变暖的影响因素，但由于其在高海拔地区难以观测且几乎没有系统性的观测网络，污染物排放情况也是高原气候变化预估中不确定性的一环。定量评估和减少这些不确定性，从而提升青藏高原气候变化评估能力是目前亟须解决的战略重点问题。

（三）提高青藏高原气候变化预警水平

气候变化在青藏高原生态环境的演化中既是一种激发和控制因子，也是生态环境变化最显著的表征之一（伏洋等，2010）。在全球气候变暖和社会经济快速发展的双重影响下，青藏高原冰川退缩、冻土退化、湿地萎缩、草地沙化加快，同时极端灾害性天气增加、沙尘暴频发、泥石流和山体滑坡风险增大等生态安全问题日益严重（姚檀栋和朱立平，2006；吴国雄等，2013；王小丹等，2017）。青藏高原气候变化预警系统依旧存在气候资料分辨率过低、水汽状况及水分循环信息缺乏、监测站点分布稀疏等问题（崔鹏等，2017），不能很好地对近年来频发的气候灾害事件进行精准的预测预警。为揭示气候变化机理与发展趋势，首先需要加快气候变化监测预警系统的建立。通过建立空－天－地一体化气候系统变化监测技术和监测网络，获取区域范围尺度的观测资料，对重大、潜在气候灾害进行长时间序列的监测。在典型气候灾害密集分布区，布设监测网，全面监测气候变化数据。与此同时，现有绝大部分气候预警产品分辨率较低，气候预警产品时空分辨率亟须提高。通过构建青藏高原典型类型的环境与生态过程数据库，研发精细到乡镇的气候变化预警产品，支持气候变化背景下高原地区的地球系统多圈层相互作用研究，同时为关于气候变化影响的决策、指挥、调度提供精细化服务。

三、加强高原气候变化影响的监测、模拟、预警预报

（一）青藏高原气候变化影响的监测

高海拔地区比低海拔地区对全球变暖的反应更敏感、更强烈，因此气候变化的增强会对青藏高原的植被生态系统和水文系统产生更大影响。由于全球气候变暖，青藏高原冰川自 20 世纪 90 年代以来呈加速退缩趋势（吴青柏等，2024），其引发的生态环境变化无疑给青藏高原社会经济发展带来巨大影响。为进一步提升青藏高原气候变化适应能力，加强对青藏高原地区气象、水文、生态的综合监测刻不容缓。一方面，应当统筹优化青藏高原气象－地质－生态－环境综合观测站网布局，重点提升多要素和多目标自动化、协同观测能力，加强冰冻圈关键区的观测站建设，并全面开展基于影响和风险的监测工程建设，以评估全球气候变暖对青藏高原生态脆弱区的影响。另一方面，我国仍缺少自主研发的支持第三极地区环境与气候连续遥感监测的卫星系统。完善各种相互协同、互相弥补的全球对地观测系统，准确有效、快速及时地提供多种空间分辨率、时间分辨率的对地观测数据产品，为青藏高原关键生态脆弱区、

国家重大工程（青藏铁路、青藏公路等）和山洪、泥石流、山体滑坡、湖泊涨溢等高风险区自然灾害的监测提供重要支撑。最后，充分利用气候变化带来的相对有利的生态环境"窗口机遇期"，加强高原生态环境变化和生物多样性监测评估，这对于青藏高原生态环境保护、修复与可持续发展具有十分重要的意义。

（二）青藏高原气候变化影响的模拟和预警

青藏高原是全球气候变化的敏感区，同时也是生态脆弱区。伴随近几十年来青藏高原呈现的暖湿化趋势，高原强降水、暴雪等极端天气事件增多，冰川退缩、冻土消融、冰湖溃决、高寒草地退化等衍生灾害的影响加剧，造成青藏高原失衡失稳、生态系统结构恶化，重大基础设施（如青藏铁路、公路、水电站、通信光缆和输油管道等）亦受冻土退化影响出现安全隐患问题。为此，加强气候变化影响的数值模拟，提高灾害风险早期预警预报、气候安全科技支撑保障能力迫在眉睫。

第一，针对当前基于物理过程的数值预报模式在高原气候变化模拟中存在的空间分辨率较低、对复杂地形解析能力较差、模式中多种物理过程参数不确定性较大等技术问题，利用高原气候变化大数据分析平台优化陆面模式、水文模型参数化方案，以期掌握与影响因子相关的变量变化轨迹。将卫星遥感反演、数值模式资料同化和机器学习相结合，加强高原资料稀缺地区气候变化影响研究。第二，增强对各种次生灾害产生机制的分析和物理过程的模拟，深入研究和评估冰川跃动、冻土融退、雪线抬高、生物群落优势种群减少等多灾种综合风险，分析气候环境承载力。第三，升级暴雨诱发的中小河流、山洪和地质灾害风险预警系统，建立灾害隐患点的分级标准和制度，完善中小河流、山洪和地质灾害风险预警阈值指标、模型和算法，提高预警产品时空分辨率，及时进行人为控制，提高气候安全科技预警能力，避免生态环境进一步恶化。

四、高原气候变化应对的适应政策制定

(一) 青藏高原气候变化应对现状

青藏高原是气候变化的敏感区,青藏高原气候变化应对工作目前已从减缓气候变化和适应气候变化两方面开展。相对于我国其他地区,青藏高原地区的人类经济活动弱,气候系统受到人类活动的扰动相对小。因此,对于青藏高原而言,减缓气候变化较难从调整产业结构、优化能源结构和控制温室气体排放等方面进行,应从大力增加生态系统碳汇方面着手。以三江源生态保护工程为例:在该工程实施的 10 年间,海西蒙古族藏族自治州(简称海西州)和海南藏族自治州(简称海南州)积极推进退耕还草和植树造林。该区域草原植被覆盖度年均提升 11.6%,森林覆盖度从 6.32% 提高至 7%,湿地面积增加了 104 km^2(马震和高明森,2016)。

为适应气候变化,青藏高原已积极开展相关工作,包括提升综合防灾减灾能力、完善相关体制机制、推动全民参与行动,并积极开展国际交流与合作,以应对气候变化。受气候变化影响,青藏高原雪灾、冰湖溃决、洪涝、滑坡、泥石流等自然灾害频发(傅敏宁,2021)。目前已经建立针对以上自然灾害的监测-预警体系和避灾场所建设,并普及防灾减灾知识。此外,青藏高原也在积极推动区域生态保护立法工作(王晓维,2017)。在加强基础研究能力和开展国际交流与合作方面,以中国科学院青藏高原研究所和中国科学院西北生态环境资源研究院为代表的科研机构,主导推动 TPE、GAME/Tibet、CAMP/Tibet 等国际合作项目,建立青藏高原综合立体观测网络,在青藏高原进行长期的气候系统观测和基础研究,产出了众多影响深远的研究成果。以气象、地质、环保、水文业务为主的各个国家和地方单位也已制定相应法规促进青藏高原气

候变化应对措施的顺利实施。

（二）低碳发展和清洁能源政策

为减缓和适应气候变化，国家先后提出可持续发展战略、低碳发展和"双碳"目标。由于青藏高原独特的地理位置和社会经济发展情况，其低碳发展和清洁能源政策具有地方特色。青藏高原的支柱产业是特色农牧业、采矿与原材料工业和旅游业，其中特色农牧业是青藏高原碳排放的主要源头。目前关于"低碳型草地畜牧业"仍无科学定义，但针对畜牧业不同阶段对碳排放的影响，即牲畜对草地的啃食、牲畜生长过程中排放的温室气体和牲畜排泄物的管理与利用三个方面，已有相应的政策出台（王常顺等，2014）。退牧还草工程大规模增加草地面积，从而增强了高原的草地固碳能力；降低放牧强度和减少牲畜粪便燃烧则可以减少 CH_4 和 N_2O 的排放。此外，青藏高原拥有太阳能、风能、水能和地热能等丰富的清洁能源。西藏是我国太阳辐射最强的地区，但由于缺少建设大规模光伏电站的场址，尚未大规模开发。世界上海拔最高的风电项目——西藏措美哲古风电场已经建设完成，并于 2023 年 8 月并网发电。青海共和盆地大规模干热岩的发现填补了我国干热岩地热资源方面的空白（马维明等，2016）。以上清洁能源的开发应当因地制宜、适度开发，并出台相应优惠政策予以引导和鼓励。

第三章

青藏高原生态屏障区水资源保护利用

第一节　青藏高原水资源基本情况

一、青藏高原水资源的组成

青藏高原孕育了长江、黄河、雅鲁藏布江—布拉马普特拉河、澜沧江—湄公河、怒江—萨尔温江、恒河、森格藏布（狮泉河）—印度河等亚洲地区的重要河流，是中国，以及南亚、东南亚和中亚等周边国家及地区水资源的安全阀。其中，长江源区、黄河源区、澜沧江源区是我国重要的水资源战略储备区和生态安全屏障。本节主要对冰川、冻土、积雪、湖泊、河流、地下水等水体组分进行总结分析。

（一）冰川

青藏高原及周边高山区是除南极和北极以外全球最重要的冰川资源富集地区，主要分布于喜马拉雅山、喀喇昆仑山、昆仑山、念青唐古拉山、唐古拉山、祁连山、天山和帕米尔地区。这些冰川分为海洋性冰川（分布于青藏高原东南部）、亚大陆性冰川（分布在青藏高原东北部及高原南缘和天山）、极大陆性冰川（主要分布在青藏高原西部）3 类（施雅风，2000）。热量和水分条件的组合是决定冰川发育的物质基础。青藏高原海拔高、山体巨大，为冰川形成提供了有利的积累空间和水热条件，从而成为冰川集中分布区域，冰川集中发育在海拔 4500～6500 m 处（刘时银等，2015）。山脉或山峰的绝对海拔及冰川平衡线以上的相对高差是决定山地冰川数量多少和规模大小的主要地形要素。

根据《中国第二次冰川编目》（所参文献的时间段为 2004～2011 年），

我国境内面积超过 0.01 km² 的冰川共有 48 571 条，总面积约 51 766 km²（刘时银等，2015）。其中，青藏高原本身的冰川有 41 257 条，总面积为 45 510 km²。作为青藏高原固态水体的重要组成部分，冰川对缓解亚洲地区水资源压力具有重要意义，特别是为中国西部地区的水资源安全、生态安全和经济社会发展提供了重要保障。

我国冰川水资源在空间上的分布很不均匀，而且冰川水资源供水量的分布与冰川面积分布存在不一致的特点。有些区域虽然冰川面积最大，但冰川水资源总量并不一定最大，如昆仑山冰川面积最大，其冰川水资源量居第 4 位；有些区域虽然冰川面积非最大，但冰川水资源总量最大，如念青唐古拉山冰川面积居第 4 位，冰川水资源量却居第 1 位。

不同流域的冰川面积和储量相差很大。其中，发源于青藏高原的主要河流长江、黄河、澜沧江—湄公河、怒江—萨尔温江、恒河、森格藏布（狮泉河）—印度河这 6 条河主要外流区流域内的冰川面积（冰储量）分别为 1674.69 km²（117.24 km³）、126.72 km²（8.53 km³）、231.32 km²（11.15 km³）、1479.09 km²（91.88 km³）、15 718.65 km²（1306.95 km³）、1106.91 km²（65.37 km³）（刘时银等，2015）。冰川径流是发育于青藏高原的河流的重要补给来源，尤其是在这些河流的河源区，其成为流域内生态环境屏障的重要水源。由于冰川的存在，流域的河流径流处于相对稳定的状态，表明冰川作为固体水库以"削峰填谷"的形式表现出显著的调节径流丰枯变化的作用。2010 年，中国冰川年融水量约为 7.8×10^{10} m³，超过黄河入海的年总水量（6×10^{10} m³）。全国冰川径流量约为全国河川径流量的 2.2%，相当于我国西部甘肃、青海、新疆和西藏 4 个省份河川径流量的 10.5%（丁永建等，2020a）。在黄河源（唐乃亥水文站）、长江源（直门达水文站）、澜沧江源（昌都站）、怒江源（嘉玉桥水文站）、雅鲁藏布江源（奴下水文站）地区，流域内的冰川融水年径流组分占比分别为 0.8%、6.5%、1.4%、4.8% 和 11.6%（Zhang et al.，2013）。中国西北内流区部分河流的冰川融水径流虽然绝对值不高，却是总径流的重要组成组分。

在全球气候变暖背景下，青藏高原的冰川整体处于退缩状态，具有显著的东南—西北空间差异特征，表现为东南部地区融化强烈，西北部地区融化微弱。20世纪90年代开始，青藏高原东南部和天山地区的冰川物质亏损严重，高原西北部亏损相对较小，帕米尔-西昆仑地区的冰川相对稳定甚至前进。20世纪70年代至21世纪最初10年，我国冰川面积减少约18%，储量减少约20%，其中，冰川物质损失的主体是面积小于1 km²的小型冰川（刘时银等，2015）。在喜马拉雅山脉，2000年的冰川储量较1975年减少了13%，2016年较1975年则减少了28%（Maurer et al.，2019）。通过最近40年来的卫星遥感资料发现，在喜马拉雅山脉，1975～2000年冰川的亏损速率平均为每年（0.22±0.14）m水当量（相当于冰川厚度平均每年减薄约25 cm），而2000～2016年冰川物质亏损速率平均为每年（0.43±0.14）m水当量（相当于冰川厚度平均每年减薄约50 cm），近期的冰川消融强度是之前的两倍，表明整个喜马拉雅山冰川处于加速消融的状态（Maurer et al.，2019）。

青藏高原上有些冰川已经处于全消融状态，甚至有些冰川已经消失。20世纪60年代到2015年，祁连山有109条（总面积为8.94 km²）冰川消失（贺晶，2020）。冰川的加速消融在短期内有利于缓解青藏高原水塔屏障区的水资源供需矛盾和生态环境总体趋好，同时有助于缓解冰川补给河流中下游地区的用水需求压力，促进生物多样性保护和生态系统结构稳定以及植被向更高海拔地区扩张，增强草地生产力和农牧业发展的潜力。相较于20世纪60年代，到21世纪末，在RCP（典型浓度路径）2.6（低）、RCP4.5（中）和RCP8.5（高）排放情景下，我国西北干旱区冰川面积分别减少约34%、61%和74%，冰川储量减少约45%、76%和86%，相应的冰川融水量减少约34%、62%和74%。总体来看，冰川融水径流的未来变化可能呈现以下三种情况：一是冰川径流持续减少，如库车河、呼图壁河、怒江、石羊河、黑河等；二是在不久的将来出现峰值，如长江源、疏勒河、乌鲁木齐河等；三是至少在2050年前冰川融水不会出现显著下降或拐点，呈现稳定或持续增加趋势，如玛纳斯河、木扎尔特河、阿克苏河、叶尔羌河等（丁永建等，2020b）。然而，中国冰川整体处于快速退缩状态，也伴生了相应的冰川灾害，如冰崩、冰川跃动、冰湖溃决洪水、冰川泥石流等。从统计结果来看，近期气候变暖使得这些灾害风险表现出增加的趋势。特别是极大陆性冰川和海洋性冰川都出现了冰崩灾害，可能表明青藏高原的冰川在整体上已经处于不稳定状态（邬光剑等，2019），影响青藏高原的生态屏障安全。

（二）冻土

1. 多年冻土分布

在大量野外调查的基础上，基于高原不同地区多年冻土下界与环境因子的关系，通过多模式比对和验证，对青藏高原多年冻土分布进行了模拟和绘制。结果显示，青藏高原多年冻土和季节冻土的面积分别为97万～106万 km² 和146万 km²（不包括冰川和湖泊）（Zou et al.，2017）。多年冻土的分布以羌塘高原为中心向周边展开，羌塘高原北部和昆仑山是多年冻土最发育的地区，基本连续或大片分布。在青藏公路自西大滩往南直至唐古拉山南麓安多附近，除局部有大河融区和构造地热融区外，多年冻土基本连续分布。连续多年冻土带由此向西、西北方向延伸，直至喀喇昆仑山。在安多以南，多年冻土主要分布在高海拔的山顶，如冈底斯山、喜马拉雅山和念青唐古拉山地区。在青藏公路以东地区，地势自西向东降低，但由于存在阿尼玛卿山、巴颜喀拉山和果洛山等海拔5000 m以上的山峰，区内有片状、岛状多年冻土与季节冻土并存，在横断山区基本为岛状山地多年冻土（赵林等，2019）。

2. 多年冻土区地下冰储量分布

基于164个钻孔岩芯记录（包括青藏公路沿线、卓乃湖、阿尔金、西昆仑、改则、温泉地区）的水平、垂直方向规律，结合青藏高原第四纪沉积类型图，以及最新绘制的多年冻土分布图和多年冻土厚度图，对青藏高原多年冻土地下冰储量进行了估算。青藏高原多年冻土总地下冰含量约为 $1.27×10^4$ km³ 水当量，相当于中国冰川水储量的两倍多。在青藏高原大片连续多年冻土区，地下冰含量呈现自东向西、自南向北增加的趋势，在可可西里地区和西昆仑地区存在两个高含冰量区域。青藏高原的主要流域范围内都有多年冻土发育，其覆盖率从不足10%到超过60%（程国栋等，2019）。

3. 多年冻土区地下冰释水量估算

研究表明，过去数十年来青藏高原的活动层厚度在持续增加，年均增速为 2.3 cm。基于青藏公路沿线活动层厚度变化的监测结果与该区域多年冻土上限之下 1 m 深度内的平均体积含冰量（32%），初步估算了由活动层厚度增加导致的地下冰融化量。结果表明，过去20年来，高原地下冰融化的水当量在 0~28.3 mm/a，平均约为 8.4 mm/a。青藏高原多年冻土年均地下冰融水当量合计可达 8.9 km³，尽管这部分水分主要来源于长期冻结的地下冰的逐渐融化，并且大部分会以土壤水的形式保留在活动层中，随活动层的季节冻融过程发生季节冻结和融化，但毫无疑问，部分水分将参与到陆表的区域水文过程乃至地气间的水循环过程中（Zhao et al.，2020）。

（三）积雪

青藏高原特殊的地理位置和海拔使其成为北半球中纬度重要的积雪区，积雪是青藏高原固态水体的重要组成部分（Immerzeel et al.，2010）。青藏高原积雪分布异质性强，以高海拔特征为主，有明显的垂直地带性。

与高纬度地区的积雪不同的是，青藏高原稳定性积雪和瞬时性积雪同时存在，年积雪覆盖日数从小于 5 d 到超过 200 d，雪深最大可超过 1 m，最小可小于 1 cm，因此贫雪、干旱和雪灾并存。在季节变化上，青藏高原的积雪也与高纬度地区存在差异。积雪发生的时间具有较大的不确定性，大部分地区春秋季多、冬季少，并且积累—稳定—消融的过程短且多。因此，青藏高原积雪变化对水文的影响与高纬度地区不同。

基于长时间序列先进甚高分辨率辐射仪（AVHRR）反射率数据识别积雪，并采用隐马尔可夫以及多源数据融合的方法去云获取 1980~2019 年逐日无云 5 km 积雪面积数据（Hao et al.，2021）。基于长时间序列的被动微波卫星遥感数据提取雪深（Che et al.，2008），并采用青藏高原数字高程模型（DEM）和密度的关系将雪深转变成雪水当量，获得 1980~2019 年逐日雪水当量数据集。基于积雪面积和雪水当量数据分析，青藏高原积雪覆盖时间和深度或雪水当量都存在较强的异质性，呈现山区积雪多、平地积雪少的特点。根据 1980~2019 年多年平均积雪覆盖日数和平均雪水当量统计结果，积雪覆盖日数高值（>120 d）主要分布在高海拔山区，其中大部分积雪分布在喀喇昆仑山、昆仑山北部、喜马拉雅山、唐古拉山中东部以及念青唐古拉山，小部分积雪分布于巴颜喀拉山、祁连山和横断山西侧等地区。60 d< 积雪覆盖日数 <120 d 的地区也主要分布在这些山脉附近。柴达木盆地和青藏高原西南部积雪较少，年平均积雪覆盖日数小于 15 d，其他大部分区域的积雪覆盖日数约 30~60 d。

青藏高原雪水当量的空间分布和积雪覆盖日数的空间分布格局基本一致，其高值主要集中在横断山西侧、念青唐古拉山、喜马拉雅山、帕米尔高原、巴颜喀拉山以及祁连山地区。雪水当量最高值区域分布在横断山西侧和念青唐古拉山，年平均雪水当量在 30 mm 以上；雪水当量次高值区域分布在巴颜喀拉山、喜马拉雅山及帕米尔高原，年平均雪水当量在 15~30 mm；祁连山地区相对其他几个山区雪水当量较少；青藏高原腹地及柴达木盆地降雪次数较少，其雪水当量也很少。在年际变化上，1980~2019年青藏高原积雪深度和覆盖面积整体呈现波动下降趋势。年平均积雪深度和积雪面积年际变化趋势整体一致，但在少数年份存在差异性波动。在这40年间，积雪变化呈现两个明显的时间段：2001年前，积雪深度和积雪面积的值较大，并且趋势呈现较大的波动，年平均积雪面积最大出现在1982~1983年，超过7×10^5 km^2，最低值出现在1989~1990年，约为3×10^5 km^2；年平均积雪深度波动范围为1.6~3.5 cm，1998年之前呈现下降趋势，但1998~1999年为丰雪年。2001年后，多年平均积雪深度呈平稳变化趋势，年平均积雪深度波动范围为1.5~2 cm，直到2014年开始下降；多年积雪面积呈稳定减小趋势，从4.5×10^5 km^{2}下降到2×10^5 km^2；积雪面积和积雪深度同时在2018~2019年出现峰值。

积雪融水是春季重要的水资源，随着青藏高原积雪面积、深度的减少，其水储量也会减少，这会对其周边地区水资源系统造成重要影响。因此，我们应该高度重视青藏高原的积雪变化状况，以及积雪对水资源的影响（马丽娟和秦大河，2012）。

（四）湖泊

青藏高原是我国湖泊湿地分布密度最大的地区之一，拥有世界上数量最多的高海拔湖泊，包括我国最大的湖泊青海湖，以及色林错、纳木错、扎日南木错等面积超过1000 km^{2}的著名大湖。湖泊总面积约为5万km^2，占全国湖泊总面积的一半以上，大多集中在高原内流区，即主要分布在西藏自治区和青海省，少量分布在新疆维吾尔自治区。

青藏高原湖泊形成以后，其面积和水量变化主要受气候变化控制。20世纪70年代，青藏高原面积大于1 km^{2}的湖泊有1081个，总面积约45 000 km^2，其中面积大于10 km^{2}的湖泊有346个（面积约42 816.1 km^2）。20世纪70年代至1995年，大部分湖泊面积缩小。然而，

1995年后，在区域气候逐年暖湿化的背景下，青藏高原湖泊呈现显著的数量增加和面积增大趋势。湖泊数量从1976年的1081个增加到2018年的1424个，总面积则波动增长了25.4%，从（40 000±767）km^{2}扩大到（50 000±791）km^2（Zhang G et al.，2020）。

尽管湖泊扩张是主要特征，但在空间上也存在差异。青藏高原北部的湖泊扩张速度在加快，南部的湖泊在区域内轻微萎缩，但收缩幅度小于北部的扩张。西部的湖泊面积在20世纪70年代到2015年普遍扩大，但东部湖泊面积总体缩小。20世纪80年代中期至2015年，大于1 km^{2}的湖泊有11个干涸，新增了130个，湖泊数量增加了11.2%，湖泊面积增加了8234.5 km^2。91%的湖泊扩张（其中300个显著扩张），9%的湖泊收缩（其中9个显著收缩）(Zhang G et al.，2020）。

相应地，青藏高原湖泊水资源储量也发生变化，储水量的年变化速率在20世纪70年代至1995年为–2.78 Gt/a（1 Gt等于10亿t），1996～2010年为12.53 Gt/a，2011～2015年为1.46 Gt/a。相对于1970年，1995年、2010年和2015年的湖泊总水量变化分别为–69 Gt、89 Gt和111 Gt（Zhang G et al.，2020）。2010～2019年，青藏高原湖泊水量每年增加约9.9 Gt（Zhang et al.，2021）。

青藏高原发育了世界上独一无二的高寒湿地，分为沼泽湿地、湖泊湿地和河流湿地三大类，湿地面积达到了132 000 km^2，占全国湿地面积的20%。2014～2015年统计数据显示，湖泊湿地面积为44 306.6 km^2，沼泽湿地面积为21 645.8 km^2，河流湿地面积为14 345.6 km^2，绝大部分分布在西藏自治区和青海省。其中，羌塘高原以湖泊湿地和河流湿地为主，柴达木盆地以湖泊湿地和沼泽湿地为主，雅鲁藏布江流域以河流湿地为主。在垂直维度上，59.5%的湖泊湿地和河流湿地分布在海拔4500～5000 m的地区，31%的湖泊湿地和河流湿地分布在海拔3500～4500 m的地区，沼泽湿地则随着海拔的上升面积逐渐减小。在时间上，1970～2000年，青藏高原湿地经历了巨大变化，湿地总体呈现持续退化状态，从高原边缘地区到高原腹地均有退化区域分布，总面积减少了2970.3 km²，2000年后有一定程度的增加，2000～2010年面积增加了2532.0 km²。其中，湖泊湿地面积呈现增加趋势，河流湿地、沼泽湿地面积则先减少后增加（刘志伟等，2019）。

（五）河流

径流是水循环系统中的重要因素，是水资源评估的主要内容。青藏高原孕育了亚洲十几条主要河流，这些河流为地球上最密集的人口居住区提供了水源保障，并缓解了南亚和中亚的水冲突。河流径流的时空变化既关系着高原本身的水源涵养功能，也对下游地区的水安全和生态安全产生重要影响（Yao et al.，2007；Yang et al.，2014；Li et al.，2020）。

河流最重要的水资源指标是径流量。发源于青藏高原的河流主要包括位于高原北部和西北部内流水系的黑河、疏勒河、塔里木河、伊犁河、阿姆河和锡尔河，位于高原南部印度洋水系的怒江、雅鲁藏布江、恒河和印度河，以及位于高原东部和东南部太平洋水系的长江、黄河和澜沧江等。观测和计算结果表明，发源于青藏高原的13条河流（恒河、雅鲁藏布江、印度河、长江、黄河、怒江、澜沧江、阿姆河、锡尔河、塔里木河、伊犁河、黑河、疏勒河）2018年出山口的径流总量约为6560亿 m³（Wang et al.，2021）。不同河流在出山口处的年径流量为 1.8×10^9～1.76×10^{11} m³，存在较大差异。其中，青藏高原南部受季风主导的河流（如雅鲁藏布江、恒河、怒江和澜沧江等）径流量占13条河流出山口总径流量的61.9%，恒河、雅鲁藏布江径流量最高，分别为 1.76×10^{11} m³和 1.64×10^{11} m³；北部和西部受西风主导的河流［如黑河、疏勒河、塔里木河、伊犁河、阿姆河、锡尔河和森格藏布（狮泉河）］径流量占13条河流出山口总径流量的30.6%，其中疏勒河出山口径流量在13

条河流中最小，约为 $1.8 \times 10^9 \text{ m}^3$；位于西风-季风过渡区的黄河、长江出山口总径流量为 $4.9 \times 10^{10} \text{ m}^3$，两者占 13 条河流出山口总径流量的 7.5%。

总体来说，近期长江、雅鲁藏布江、澜沧江和怒江源区径流量都呈现不同程度的上升趋势，其中长江源区的上升趋势较显著，其他河流的上升趋势均不明显；黄河源区径流量有微弱下降（张建云等，2019）。长江、澜沧江、怒江、雅鲁藏布江 4 个河流流域春季、秋季和冬季径流量增长趋势更为明显，而夏季径流量变化趋势较小，与变暖背景下冬季最低温度升高显著和春秋季冰川积雪融化量增加等密切相关。

（六）地下水

地下水是区域水资源的重要组成部分，但是整体上对其研究程度不高。青藏高原地下水资源分布极其集中，主要分布在雅鲁藏布江流域及藏南诸河流域。地下水资源模数最高的为林芝市，最低的为阿里地区。根据《青海省水资源公报》和《西藏自治区水资源公报》数据，1998~2018 年，青藏高原平均地下水资源量为（1396.59±151.52）亿 m^3，其中青海省和西藏自治区分别为（305.35±56.42）亿 m^3 和（1086.59±174.06）亿 m^3，空间分布特征呈现南多北少、东多西少的态势，与地表水分布基本一致（周思儒和信忠保，2022）。

根据在怒江上游采集夏秋季河水、积雪、雨水、湖水和地下水水样的稳定同位素和水化学元素，采用端元分析模型发现，怒江源区降水、融雪径流、地下水对径流的贡献率分别为 28%、32%、40%。在怒江上游构建了分布式水文模型，划分基于等高带嵌套子流域的计算单元，构建各个计算单元的气象、土壤、土地利用等基础数据库，利用垂向一维土壤水热耦合方程模拟土壤冻融过程，利用物质平衡法计算冰雪蓄量和流域径流量。利用冰川、积雪、冻土、径流观测资料对模型结果进行校验，在此基础上，分析不同形态水源对径流的贡献率，结果表明，1979~2019 年怒江上游冰川、融雪、冻土、地下水、降水对径流的贡献率分别为 3.2%、13.4%、0.8%、10.4%、72.2%。怒江径流增加率为 1.36 mm/a，地下水补给也呈现增长趋势，增加率为 0.60 mm/a（Yang et al.，2021）。

青藏高原及周边的 8 个主要区域（金沙江区域、怒江—澜沧江源区、长江源区、黄河源区、柴达木盆地、羌塘自然保护区、阿克苏河流域）的地下水储量在 2003~2009 年均呈现增加的变化，每年总增加量为（186±48）亿 m^3（Xiang et al.，2016），相当于三峡 175 m 水位时的一半库容。该时段内地下水储量增加的主要原因是同期的冰川加速消融、冻土退化以及三江源区的生态保护与建设项目开展等。从更长的 1998~2018 年时间段来看，2002 年以后，青藏高原地下水整体呈现出减少的趋势，下降速率约为 142.7 亿 m^3/10 a，年变化量占青藏高原多年平均地下水资源量的 10.22%。但是地下水资源量下降趋势表现出显著的空间差异：青海省的地下水资源量持续增加，增加速率约为 58.0 亿 m^3/10 a；西藏自治区地下水资源量持续减少，减少速率为 195.4 亿 m^3/10 a（周思儒和信忠保，2022）。青海省除海东市外，各个地级市（州）的地下水资源量均呈上升趋势，突变点位于 2005 年前后。在西藏自治区，大部分地区的地下水资源量呈下降趋势，只有昌都市的地下水资源呈不显著的上升趋势。其中，拉萨市、日喀则市及阿里地区的下降趋势不显著，山南市、那曲市及林芝市呈非常显著的下降趋势，突变点多位于 2002 年前后。

根据气象因子与地下水变化的趋势分析发现，高原北部降水量呈显著增加趋势，高原南部呈不显著的下降趋势。降水量变化是青藏高原地表水资源与地下水资源变化的主要影响因素。由于气候变暖，青藏高原大部分冰川、积雪、永久性冻土在近年间经历了加速融化。由此预见，冰冻圈变化对地下水的补给将呈现出增加的趋势，但降水变化的影响可能更为显著。

二、青藏高原水资源的分布

(一) 流域水资源

青藏高原河流众多，河网密布。本节以青藏高原三大水系的 8 条主要河流为重点研究对象，包括内流河水系的叶尔羌河中上游（简称叶尔羌河源）、疏勒河上游（简称疏勒河源）和黑河上游（简称黑河源），印度洋水系的雅鲁藏布江中上游（简称雅鲁藏布江源）和怒江上游（简称怒江源）以及太平洋水系的黄河源、长江源和澜沧江源，开展水资源分析评估。表 3-1 列出了上述河流出山口水文站、数据年限、流域面积、冰川面积占比和多年冻土面积占比等信息。从表 3-1 中可以看出，8 个主要江河源区年均降水量从东部、东南部太平洋水系河流向南部、北部和西北部的印度洋水系与内流河水系河流逐渐减少；年均气温和年均蒸发量以南部的印度洋水系河流最高。另外，内流河水系降水总体较少，冰川面积占比和多年冻土面积占比总体较高，年径流量较低。需要说明的是，怒江源受数据资料的限制，控制站选择的是位于海拔较低的道街坝站（海拔 670 m），因此其降水量、气温和径流量均较高。

为了排除汇水面积差异的影响，计算了青藏高原 8 个主要江河源流域多年平均径流深。总体上看，8 个重点流域径流深整体呈现东南高西北低的格局，表现为怒江 > 澜沧江 > 黄河 > 雅鲁藏布江 > 黑河 > 叶尔羌河 > 长江 > 疏勒河。

多元线性回归分析径流深与气象因子关系的结果表明，8 个流域多年平均径流深与年均降水量和年均气温之间均呈显著的正相关关系。降水量是影响 8 个主要江河源径流深的首要因素，其次是气温，说明对于高原整体而言，降水是河流径流最主要的补给源，同时升温导致的融水对河流径流的补给作用超出了蒸发损耗作用（Zhang et al., 2022）。

表3-1 青藏高原我国境内主要河流基本信息

项目	内流河水系			印度洋水系		太平洋水系		
	叶尔羌河源	疏勒河源	黑河源	雅鲁藏布江源	怒江源	黄河源	长江源	澜沧江源
出山口水文站	卡群	昌马堡	札马什克	奴各沙	道街坝	唐乃亥	直门达	香达
海拔/m	1450	2112	2810	3720	670	2770	3546	3674
流域面积/10³ km²	50.2	11.0	5.0	106.1	110.2	122.0	137.7	17.8
冰川面积占比/%	9.6	3.7	0.4	1.2	1.3	0.1	0.8	0.6
多年冻土面积占比/%	66.5	80.8	72.1	41.4	30.6	33.9	96.0	57.4
年均气温/℃	3.8	2.5	−1.3	4.8	8.3	−0.1	−1.3	2.6
年均降水量/mm	82.5	188.9	382.9	324.6	870.7	566.6	410.5	540.0
年均蒸发量/mm	103.5	76.4	127.9	334.7	336.7	331.2	182	273.4
年径流量/10⁸ m³	67.9	10.1	7.6	174.3	540.9	201.5	132.1	44.8
多年平均径流深/mm	135.3	92.4	152.3	162.0	490.7	165.2	95.9	251.8
数据年限	1960~2017	1960~2016	1960~2017	1960~2017	1964~2011	1960~2017	1960~2017	1960~2010

冰川融水是高寒山区流域径流的重要组成部分，尤其是在高原北部和西北部的内流河水系。研究表明，叶尔羌河冰川融水补给占比达50%以上（高鑫等，2010）。由于冰川对气候变化高度敏感，冰川面积占比不同会影响冰川融水对流域总径流的贡献以及水文过程对气候变化的响应机制。

分析具有不同冰川面积占比的各流域径流与气温系数的关系发现，对于冰川占比大的流域，气温升高对径流具有明显的正向影响；对于冰川占比小的流域，气温升高将可能对径流产生负向影响。随着冰川面积占比的增大，径流回归方程中的气温系数由偏负逐渐转为偏正，说明对于冰川占比小的流域，升温导致的蒸发损耗作用更强；而在冰川占比大的流域，升温导致的融水补给作用更强（Zhang et al.，2022）。

（二）亚洲水塔总储水量与外泄年调节量

1. 亚洲水塔冰川储量

由于冰川发育于极高海拔，地形复杂且难以接近，目前还难以对每条冰川的体积进行详细的实地测量，对冰川储量（体积）的估算主要基于统计模式。根据实测的冰川厚度数据，结合冰川面积，得出最佳的面积－体积拟合函数，建立冰川的面积－体积经验公式，将这一公式推广到其他冰川，估算冰川冰储量。这是一种快速、有效的储量估算方法，但该方法具有较大的不确定性，因此只适合粗略估算区域尺度的冰川储量。该方法得出的亚洲水塔冰川冰储量为9000~13 503 km^3（Haeberli et al.，1989；Radić and Hock，2010，2014；Marzeion et al.，2012；Grinsted，2013），估算结果范围较大。

同时，采用厚度估算模型计算单个、区域乃至全球尺度的冰川储量并给出空间分布，其估算结果也较经验公式准确，是较为可靠的手段（Huss and Farinotti，2012；Farinotti et al.，2019）。冰川储量模型的关键是冰川厚度的估算。在第二次青藏高原综合科学考察中，利用全球开放冰川模型（open global glacier model，OGGM）的中心流线提取功能和冰川宽度计算功能重新构建了 GlabTop 模型，同时通过迭代法对 GlabTop 模型中的形状因子参数进行优化。利用伦道夫冰川编目第 6 版（RGI 6.0）和改进的 GlabTop 模型，初步估算亚洲水塔地区冰川冰储量约为（8855±425）km³（粗估值，不包括阿尔泰山），折合水储量约为 8 万亿 m³（冰川密度按 900 kg/m³ 计算），这一结果相比于其他研究，处于中间值。可以看出，亚洲水塔冰川储量最大的区域是喀喇昆仑山地区，其次是西昆仑山、帕米尔和青藏高原内部地区（图 3-1）。冰川总储量的计算将随着观测和模型的改进而不断完善。

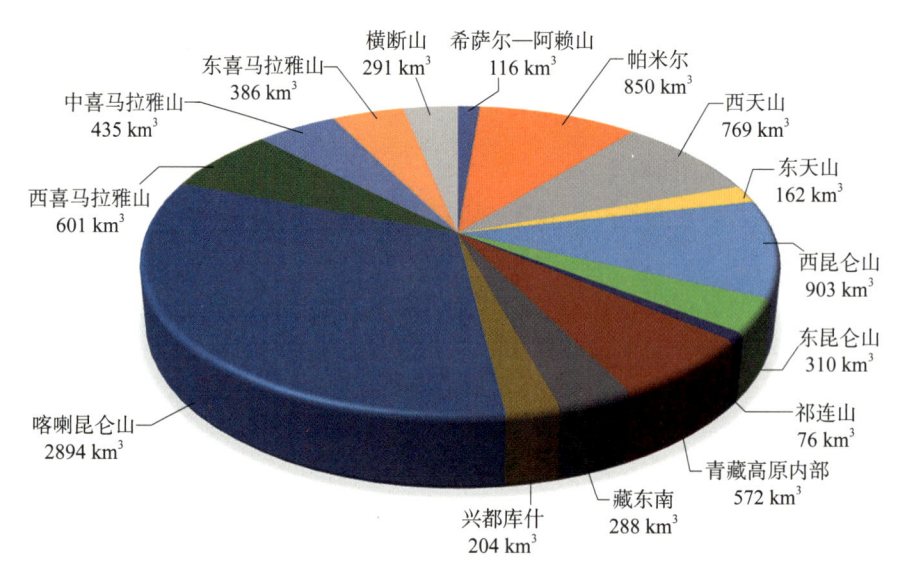

图 3-1 亚洲水塔不同区域冰川冰储量分布
数据来源：第二次青藏高原综合科学考察"冰川、积雪、冻土变化与影响及应对"专题中期进展报告（2022 年）

2. 亚洲水塔湖泊水量

青藏高原是我国最大的湖泊分布区。据统计，截至 2018 年，青藏高原面积大于 1 km² 的湖泊有 1424 个，总面积约为 5 万 km²。这些湖泊以内流湖为主，主要分布在海拔 4000～5000 m 的地区（Zhang et al.，2019）。

根据第二次青藏高原综合科学考察"湖泊演变及气候变化响应"专题 2022 年度进展报告，102 个湖泊的水量根据实测结果得出，其水量为 7364.41 亿 m³。未测的其余 1322 个湖泊的水量则根据模型估算得出。利用湖泊水上水下的地形特征具有一定的相似性，将坡度作为相似性特征的控制性指标，对未测的 1322 个湖泊水下地形进行模拟，进而得出湖库面积–库容方程，估算出的未测湖泊的水量结果为 1821 亿～2730 亿 m³。因此，青藏高原上所有面积超过 1 km² 的湖泊总水量超过 10 000 亿 m³。总的湖泊水量估算结果有待进一步确定和精细化，最终的湖泊水储量数据仍在计算中。

在近几十年气候变化背景下，青藏高原湖泊发生了显著变化。根据航天飞机雷达地形测绘任务数字高程模型（SRTM DEM，30 m 分辨率）的数据估算，1976～2019 年面积大于 1 km² 的湖泊储水量总体增加了 1.7×10^{11} m³。但不同时段、不同空间和不同湖泊类型的表现不同。从时段来看，1976～1995 年湖泊储水量减少了 4.5×10^{10} m³，但在 1995～2019 年大幅增加了 2.2×10^{11} m³（Zhang et al.，2021）；从区域来看，中部和北部大部分湖泊储水量增加，南部部分湖泊储水量减少（Zhang G et al.，2020）；从湖泊类型来看，冰川补给湖泊储水量的增加远远高于非冰川补给湖，封闭内流湖储水量的增加远远高于外流湖，面积大于 50 km² 的大中型湖泊储水量的增加高于小型湖泊（Qiao et al.，2019）。预计未来 20 年内，青藏高原封闭内流湖的水量将持续增加，但速率将有所下降（朱立平等，2019）。

3. 青藏高原径流量

作为河流源区，青藏高原通过河流径流为下游贡献了相当可观的水资源量。Wang 等（2021）综合实测和遥感等手段得到发源于青藏高原的 13 条河流 2018 年出山口总径流量约为 6.56×10^{11} m³（图 3-2）。三江源区平均每年分别向长江（直门达水文站）、黄河（唐乃亥水文站）和澜沧江（香达水文站）下游供水 1.3×10^{10} m³、2.0×10^{10} m³ 和 5×10^{9} m³，雅鲁藏布江中上游径流量（羊村水文站）占流域径流总量（奴下水文站）60% 以上（汤秋鸿等，2019a）。

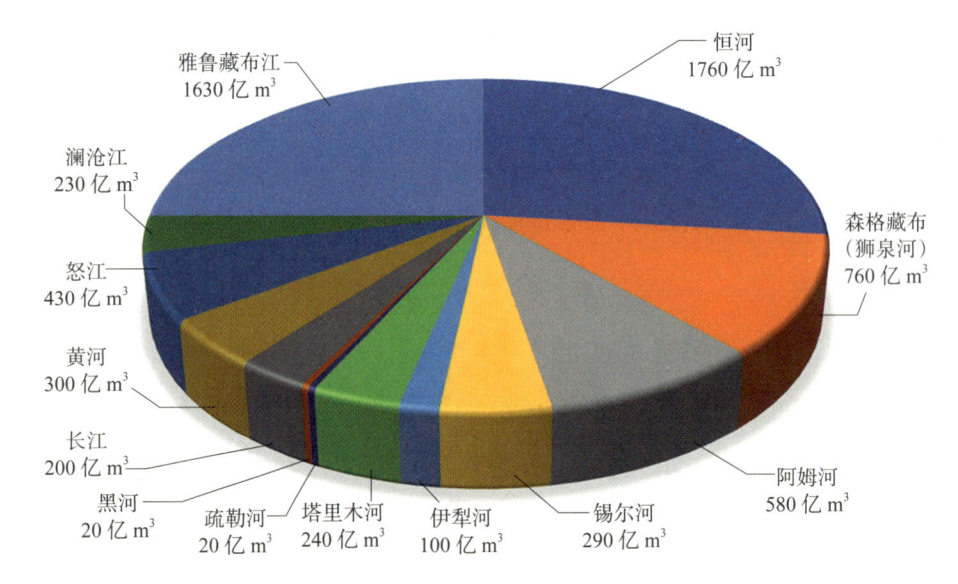

图 3-2　青藏高原 13 条主要河流 2018 年出山口径流量（Wang et al., 2021）

在近几十年的气候变化背景下，不同河源区年径流量的变化趋势表现不同：高原北部的黑河、疏勒河以及塔里木河源区多年径流量变化均呈显著增加趋势（$p<0.05$）(Xu et al., 2013；Zhang et al., 2017；张凡等，2019）。高原东部的长江源区年径流量总体表现为增加趋势（$p>0.05$），而黄河源区年径流量则呈减少趋势（$p>0.05$）（张凡等，2019）；高原西北部阿姆河源区年径流量呈减少趋势，而锡尔河源区年径流量呈微弱增加趋势（Wang et al., 2021）；高原南部的印度河、恒河、雅鲁藏布江、怒江和澜沧江源区年径流量均表现为不显著的变化趋势（汤秋鸿等，2019b；张建云等，2019）。整体而言，降水和冰雪消融变化的区域差异是高原主要流域源区径流变化趋势不一致的主要原因。

三、青藏高原水资源的关键作用

（一）水资源是青藏高原生态安全的基本保障

青藏高原河网密布、湖泊众多、冰川分布，是长江、黄河、澜沧江、怒江、雅鲁藏布江等的发源地，也是河西走廊、柴达木盆地和塔里木盆地中一些内陆河的发源地，素有"亚洲水塔"之称。长江、黄河、澜沧江分别发源于青藏高原的唐古拉山主峰、巴颜喀拉山北麓和唐古拉山东北坡，三江源的年径流量分别为 134.5 亿 m^3（直门达水文站）、196.8 亿 m^3（唐乃亥水文站）、46 亿 m^3（香达水文站）（邵全琴，2012）。长江、黄河和澜沧江三江源区每年向下游的供水量分别占各河流年径流总量的 1.3%、34% 和 6%（汤秋鸿等，2019b）。而雅鲁藏布江—布拉马普特拉河和怒江—萨尔温江分别发源于喜马拉雅山脉北麓和唐古拉山南麓，年出境流量比较大。此外，青藏高原也是河西走廊、柴达木盆地和塔里木盆地中一些内陆河的发源地，如发源于祁连山的疏勒河、黑河和石羊河等河西走廊的内流河，发源于昆仑山的那棱格勒河、格尔木河等柴达木盆地的内流河，发源于喀喇昆仑山北坡的塔里木河四源之一叶尔羌河等。

经第二次青藏高原综合科学考察研究队初步估算，青藏高原的冰川储量、湖泊水量和主要河流出山口处的径流量之和超过 9 万亿 m^3，其中冰川的冰储量约为 8850 km^3，换算成水量约 8 万亿 m^3。此外，青藏高原多年冻土总地下冰含量约为 12.7 万亿 m^3 水当量（程国栋等，2019），所以青藏高原的总水储量超过了 20 万亿 m^3（不包括积雪水储量）。

青藏高原形成的大量地表水及地下水，除可以保障高原内部生态安全外，也是周边以及发源于高原的大江大河中下游地区的生态及绿洲农业用水的重要保障。此外，青藏高原通过自身的蒸散发可为周边地区输送大量水汽进而转化为降水补给水资源，如 Zhao 和 Zhou（2021）采用了最新的高分辨率 ERA5 再分析资料研究发现，青藏高原内部一半的蒸发量（3.36×10^7 kg/s）可流出高原，补给周边水汽。

青藏高原的水源涵养作用对于高原水循环过程有重要影响，且其区域特征明显。受冰川、积雪及冻土等冰冻圈要素影响，青藏高原涵养水源的方式较其他地区有明显区别。除了以径流及土壤储水量来体现涵养水资源能力大小外，冰川物质累积量、冻土地下冰量以及高原湖泊水资源量等的变化也是衡量青藏高原水源涵养能力的重要指标。

近几十年来，受气候变暖和人类活动的影响，青藏高原出现了一系列生态环境问题，有些地区甚至出现难以逆转的生态危机，突出表现为冻土消融作用加强、冰川退缩加快、植被减少、河道径流变化剧烈、地下水位下降，高原水源涵养能力也随之发生了变化。20 世纪 80 年代到 21 世纪最初 10 年，青藏高原西北部分区域，蒸发量远远大于降水量，主要为水源涵养能力弱的区域；而东南部水源涵养能力较强（Wu et al., 2020）。整个青藏高原的水源涵养能力呈现从东南向西北逐步降低的趋势。青藏高原对于其境内大江大河水量的补给主要发生在高原东南部。如果说江河源头冰川孕育了大江大河，那么这些区域的水源补给可以看作是大江大河得以维系与发展的主要因素。在雅鲁藏布江中游与怒江上游之间、大渡河上游与雅砻江上游之间都形成了非常明显的集中补给区，这些区域对于大江大河水量的增加具有重要的作用。

20 世纪 80 年代到 21 世纪最初 10 年，青藏高原水源涵养能力的变化存在 3 个水源涵养量不断减少的区域和 2 个水源涵养量不断增加的区域。其中水源涵养能力减弱的区域主要分布于雅鲁藏布江源头、青藏高原南部边缘地带和青海东部与甘肃交界地带；水源涵养能力增强的区域主要分布于雅鲁藏布江中游河谷地带、澜沧江和金沙江中游河谷地带。2000 年开始，高原西南和东北小部分区域的水源涵养能力有所减弱，而北部、西北部、东部大部分区域水源涵养能力增强。2000 年开始，青藏高原的水源涵养能力变化的空间特征与 20 世纪 80 年代到 21 世纪最初 10 年的差异较大，中部及西南部大部分区域甚至出现相反的趋势。

湖泊作为陆地水圈的组成部分，参与自然界的水分循环，对气候波动极为敏感。青藏高原上分布着大量的高山湖泊，湖泊水量的变化是直观反映青藏高原区域水源涵养功能的动态指标之一。2000 年开始，除南部少部分地区外，青藏高原湖泊涵养水源能力整体显著增强。据估算，2003～2018 年青藏高原湖泊总储水量每年增加 140 亿～150 亿 m^3（Zhang et al.，2019）。按照平均每年 145 亿 m^3 计算，相当于 2003～2018 年高原湖泊扩张引起的涵养水源增加量约 2300 亿 m^3。自 21 世纪初开始，湖泊的变化与高原水源涵养能力的变化趋势存在一定的空间差异性。对于整个青藏高原而言，随着全球气温不断升高，许多地区潜在蒸散发有所增加，青藏高原整体的水源涵养量存在进一步降低的风险。近期青藏高原北部水源涵养功能的提高主要受降水量增加，特别是内循环降水增加的影响。而在中期和远期，主要影响因子为水分的实际蒸散发。随着温度升高，实际蒸散发增幅加大，尽管降水量也有所增加，但青藏高原水源涵养功能仍以减弱为主（底阳平等，2019）。

（二）水资源是绿色能源发展的关键

能源结构调整是实现"双碳"目标的重要方面。我国能源结构中化石能源占比以前甚至达 88%，若要实现"双碳"目标，必须依赖绿色能源。绿色能源是指不排放污染物、能够直接用于生产生活的能源，主要包括水电、风能、太阳能和地热能等可再生资源。其中，水电、风电和太阳能发电占总发电量的比例较大。截至 2020 年，水电占总发电量的比例为 16.8%，风电占 12.8%，太阳能发电占 11.5%。

青藏高原拥有丰富的水资源。第一次全国水利普查显示，我国青藏高原区域集水面积超过 50 km^2 的河流有 1.3 万余条，占全国的 29.3%，其中 10 余条大河从青藏高原流向周边地区。而对发源于青藏高原的主要河流出山口处的径流进行估算发现，黄河、长江、澜沧江、怒江、雅鲁藏布江、恒河、森格藏布（狮泉河）、阿姆河、锡尔河、塔里木河、伊犁河、黑河、疏勒河 13 条主要河流的径流量约为 6560 亿 m^3。受暖湿化的影响，青藏高原多数区域地表河流径流量呈现增加趋势，广泛影响中下游水资源供给和绿色能源发展。水资源对绿色能源水能、风能、太阳能和地热能等可持续发展具有重要的影响。

水能是替代化石能源的第一主力。截至 2020 年底，我国水能资源开发率不足 50%，剩余水电技术可开发量为 3.5 亿 kW。预计到 2050 年，实现在 2030 年基础上新增常规水电装机 7000 万 kW，常规水电总装机容量达到 4.9 亿 kW。青藏高原及其周边地区，河流众多，河流落差大，人为用水稀少，水资源极其丰富，是发展水电的理想地区和未来水电开发的主战场。

风能和太阳能也是非常重要的绿色能源，但由于风能、太阳能的波动性和间歇性特征，要实现稳定的电力供应，确保电网安全和用电安全，目前仍然极其依赖稳定可靠的水能。水能可以抽水蓄能，削峰填谷，弥补风能和太阳能的缺点，保证电力的稳定供应。

地热资源的开发也极其需要水资源。地热资源是储存在地球内部的可再生资源，通过各种通道中的地下水或岩石传递热量到地表，可供发电、采暖等利用。青藏高原藏南地区是我国三大地热资源片区之一，也是我国地热活动最强烈的地区，主要为高温水热型地热资源，地热蕴藏量居我国首位，各种地热资源几乎遍及全区。水电、风能、太阳能和地热能等可再生资源为绿色能源的发展提供了重要的助力。

（三）远程水资源调配是国家重大长远战略

由于青藏高原丰沛的水资源量及低利用率，国家着眼未来，适时提出了南水北调西线工程，设想对高原水资源进行开发利用，服务于周边缺水地区。南水北调西线工程指从四川长江上游支流雅砻江、大渡河等长江水系调水，至黄河上游青、甘、宁、蒙、陕、晋等地的长距离调水工程，是补充黄河上游水资源不足、解决我国西北干旱缺水、促进黄河治理开发的战略工程。该工程总布局为：大渡河、雅砻江支流达曲—贾曲联合自流线路，调水 40 亿 m^3；雅砻江阿达—贾曲自流线路，在雅砻江干流建设阿达引水枢纽，调水 50 亿 m^3；通天河侧仿—雅砻江—贾曲自流线路，在通天河干流建设侧仿引水枢纽，调水 80 亿 m^3。三条河调水 170 亿 m^3，基本上能够缓解黄河上中游地区到 2050 年左右的缺水。

南水北调西线工程因地质生态环境恶劣、调水水源不稳定、民族宗教问题敏感、调水区域工作基础薄弱等问题，方案制定过程中遇到很多困难，甚至有专家提议从西藏的雅鲁藏布江调水，顺着青藏铁路到青海格尔木，再到河西走廊，最终到达新疆。同时，实现引雅鲁藏布江水，穿怒江、澜沧江、金沙江、雅砻江、大渡河，过阿坝分水岭入黄河。南水北调西线工程计划年引水 2006 亿 m^3，相当于 4 条黄河的总流量。

总的来说，远程调水是青藏高原水资源高效开发利用的有效途径，可最大化地实现高原水资源的价值，服务于国家。

（四）国际河流是稳疆安国的纽带性资源

国际河流是指流经或分隔两个及两个以上国家的河流，有两种基本类型：一是毗邻水道，二是连接水道（何大明和冯彦，2006）。在全球范围内，153 个国家共享着 286 条国际河流（UN-Water，2021），这些国际河流贡献了约 60% 的世界淡水资源，并影响着世界上大约 40% 的人口（Wolf et al.，1999）。国际河流水资源虽然仅占地表水资源很少的一部分，却与人类生活息息相关。在水资源日益紧张的时代，如何管理好这些资源对于国家之间和平合作与可持续发展至关重要。国际河流流域内往往会因为上下游水资源分配问题而发生冲突，尤其是针对灌溉和水力发电方面（Luchner et al.，2019；Yu et al.，2019），而世界人口增长和气候变化进一步加剧了国际河流流经国家之间现有的争端（Best，2019；Di Baldassarre et al.，2019）。

发源于青藏高原的众多河流，其径流量主要受降水量和雪冰融水的影响。其中，森格藏布（狮泉河）—印度河作为一条国际河流，同时也是亚洲水塔的重要组成部分，表现出较大的脆弱性（Immerzeel et al.，2020）。森格藏布（狮泉河）—印度河流经中国、印度、巴基斯坦和阿富汗等多个国家，这些国家人口众多，日益增长的人口和经济发展对淡水的需求快速增加。气候变化对流域水源地的影响使得该区域面临相当严峻的水资源紧张局势。这种脆弱性是在特定背景下气候环境与社会动态相互作用下产生的，与水资源压力、水资源治理、水资源政治和未来气候、社会经济变化有关。由于降水的不确定性，气候变暖对径流影响的预测尚不明确。需要在风险（脆弱性）较高的地区通过气候变化适应政策改善水安全（Wang et al.，2021），保护世界上最脆弱同时也是最重要的水资源与亚洲水塔的安全（Immerzeel et al.，2020），从而使国际河流得到最大程度的可持续发展，并为国际河流流经国家提供关键性资源。

人口增长和经济社会发展的合理诉求，对国际河流的生态系统服务提出了更高的要求。为了实现经济增长而进行的资源分配须与环境退化相权衡，更加公平合理地分配资源，实现可持续发展。国际河流的合理利用和保护、地缘合作与维护，不仅关系到国家的水安全和生态安全，还涉及国家的地缘政治经济合作和周边安全。有效的社会、经济和政治结构有助于实现国际河流资源的可持续发展（Best，2019）。而国际河流往往受到社会、文化、政治制度、法律框架和历史等因素的影响，经常涉及国家利益和主权问题，使得国际河流的跨流域合作变得更加复杂。

无论是从其作为淡水资源的重要组成部分还是从其对生态系统、社会经济发展多方面的价值上权衡考虑，国际河流在跨境水资源公平分配和合理利用上都显得极其重要（何大明和冯彦，2006）。在经济全球化和命运共同体影响日益加强的趋势下，水资源分配和保护的争议与冲突问题越发严重。只有国际河流流经国家和平合作，合理分配国际河流水资源，保护好人类赖以生存的自然环境，才能稳定边疆，维护国家安全，进而促进全球经济发展和社会进步，更好地应对世界人口增长和气候变化带来的问题与压力，实现全球社会的可持续发展。开展国际河流跨境共享水资源研究，让全球范围内的国际河流成为河流所流经的众多国家的纽带性资源，从而维护区域及世界的和平稳定，促进各个相关国家的共同发展。

第二节　青藏高原水资源保护利用的重大科技需求

水资源利用的总体目标是摸清青藏高原水资源本底，揭示近期水资源变化的特征和机理，应对水资源变化带来的环境风险。相应的重大科技需求包括以下几个方面。

一、地表水循环变化关键过程及对可利用水资源的影响

1. 未来青藏高原降水量和径流量的变化趋势

青藏高原水资源及其变化趋势对当地生态环境保护和水资源管理意义重大，但是目前对青藏高原水资源的变化趋势仍没有明确定论。降水和径流之间存在一定的相关关系，降水的变化是青藏高原天然径流变化的一个重要原因，特别是年地表径流的变化与季风气候的变化有关。因为季风

气候的频繁波动将影响降水的年内分配，尤其是汛期降水（刘昌明和郑红星，2003）。到目前为止，对于青藏高原的水资源量是增是减还存在不同的意见。因此，把握未来青藏高原降水量和径流量的变化趋势意义重大。

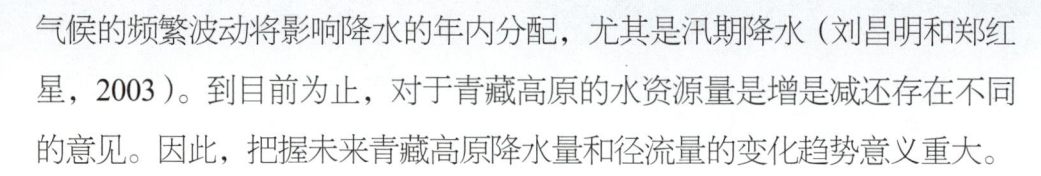

2. 水体的相态转化和水热耦合机理

青藏高原的持续升温、降水增加，引起了包括河川径流、湖泊、积雪、冰川、冻土在内的不同相态水体含量的变化，主要表现为冰川加速退缩、湖泊显著扩张、冰川径流增加。这些变化在很大程度上加强了青藏高原的水循环过程，为近期高原及其周边地区提供了更多的可利用水资源，同时也增加了这些地区潜在的水灾害风险（姚檀栋等，2019a）。而在气候变暖的情况下，构成高原地表水资源的各个组分，如冰川、湖泊、河流、降水等水体的相变及其转化却鲜为人知（朱立平等，2020）。青藏高原在由降水、蒸发、下渗到径流形成的整个地表水循环过程中，冰川冻土等寒区元素始终参与其中，积雪既影响下垫面的热量平衡，又影响水分的下渗，日照长、辐射强使蒸散发比例大，影响流域水量平衡，下渗和地热影响地下水运移并改变径流时间分配（常福宣和洪晓峰，2021）。温度和水分成为水循环过程中最重要的影响因素。因此，明确青藏高原水体的相态转化过程和水热耦合机理至关重要。

3. 青藏高原地表水循环规律及演变的驱动机制

充分认识青藏高原的水文循环规律、加强水资源的科学管理是青藏高原各流域可持续发展的重要保障。过去几十年，冰川作为地表重要的淡水资源，其退缩导致青藏高原的固态水储量减少（姚檀栋等，2019b），在短时间尺度上引起河川径流量增加。长江源区径流呈显著增加趋势，澜沧江、怒江和雅鲁藏布江源区径流呈微弱增加趋势，而黄河源区径流呈微弱减少趋势（汤秋鸿等，2019a）。降水量变化和气候变暖引起的冰雪消融是造成径流变化的主要原因，冰川退缩直接改变了径流的季节分配特征，冰川融水径流存在先增后减的拐点（陈仁升等，2019），使得河流洪峰起点提前（张建云等，2019）。在青藏高原持续升温背景下，拐点出现时间与冰川的调蓄能力相关。祁连山的石羊河、北大河可能已经出现拐点，而长江源、黑河及疏勒河可能在未来20年内出现拐点。以冰雪融水和径流为主要补给的青藏高原湖泊均有所扩张，湖泊面积和水量均增加，这种变化与气候要素存在显著的区域相关性。此外，湖泊面积扩张还可能通过蒸发影响向大气输送的水汽含量，导致区域降水量增加（朱立平等，2020）。气温升高导致冻土中的地下冰消融，也会释放一部分水分参与区域水循环过程，地下冰消融和产汇流共同造成湖泊水位升高，对湖泊水量增加的贡献率约为12%（Zhang et al.，2017）。同时，冻土作为隔水层参与到水循环过程中，升温使得冻土层的渗透性发生改变（程国栋和金会军，2013），从而通过改变产汇流方式影响河川径流过程（Zheng et al.，2016）。

要应对青藏高原各流域水资源不确定性首先需要充分认识和把握流域水循环过程。天然水循环特征必然因人类活动而改变，并反过来影响水资源的开发利用（谢正辉等，2019）。因此，只有在正确认识青藏高原地表水循环规律的基础上，水资源的开发利用才有可能趋于合理和高效，从而实现水资源的可持续利用。

4. 气候变化对青藏高原地表水循环的影响

地表水循环是水资源科学评价与合理开发利用的基本依据，水文过程的变化是多要素综合作用的结果（姚檀栋等，2013）。气候条件的变化是地表水循环各个要素变化的主要原因之一（Immerzeel et al.，2010）。由气候变化引起的青藏高原河川径流变化、冰川退缩、积雪覆盖面积减少、冻土退化、活动层厚度增加的水资源变化特征，直接或间接引起青藏高原水资源时空分布及水循环过程的变化。气温的变化将导致蒸散发的变化，同时，由气候变化引起的土地利用/土地覆被变化则可能间接地改变地表水循环过程（汤秋鸿，2020；Abbott et al.，2019）。明晰影响不同水体的主导要素及其冰冻圈水体对气候变化的响应程度是从机制上理解青藏高原水循环过程的关键所在（程国栋等，2019；朱立平等，2020），对于制定协调青藏高原各流域人水关系的适应性对策、维系社会经济可持续发展、顺利实施我国西部大开发战略意义重大。当前，对青藏高原水循环各个要素进行观测的同时，还需要加强对这些要素的模拟和预测能力。同时，须集成卫星遥感、探空与地面等多源观测手段，完善青藏高原的水循环综合观测网络（汤秋鸿等，2019a），为应对亚洲水塔对区域及全球环境变化的响应，以及保障生态环境和社会经济发展提供科技支撑。

二、地下水储量及其变化对区域水循环过程的影响

地下水是宝贵的自然资源，是支撑国民经济和社会发展、保障国家安全的基础资源和战略性经济资源，同时是生态环境体系中的重要因素。随着人口增长和经济发展对水资源的需求日益增加，青藏高原地下水的变化对该地区及中国水资源的管理提出了严峻的考验。研究青藏高原地下水，一方面，具有缓解旱季的缺水状况和探明地下水资源分布规律的现实意义；另一方面，规划和管理好该地区的地下水资源，对改善区域生产生活条件、生态环境，促进区域经济社会可持续发展具有十分重要的意义（郭凤清等，2016）。未来地下水相关工作首先须加强原位观测的技术创新以及地下水运移、循环等机理机制的理论研究，并在此基础上，进一步准确评估流域地下水资源。

1. 地面与卫星观测仪器研发

由于地下水深处地下，加上青藏高原特殊的地理环境，该地区地下水监测困难，低海拔地区常用的方法较难应用于高原地区（饶维龙等，2021）。高山地区环境恶劣，高原缺氧，人力施工困难，水文站建设和维

护成本高，须研发适用于高寒区作业的地下水观测设备，同时研发更高精度的重力卫星对地下水进行动态观测。集成地面实测与卫星遥感等多源观测手段，加强对地下水的监测与科学观测能力，获取真实、全面的青藏高原地下水储量变化观测资料。

2. 地下水运移机理

水体污染可对生态系统、水质安全、水资源利用、人体健康等造成严重危害。青藏高原是重要的生态屏障，须开展地下水污染物的防治工作，污染物的运移转化机理与归宿研究是防治的基础和关键（王佳琪等，2019）。同时，地下水运移影响着区域水储量，须研究地下水的控制因素和推动力，下渗和地热等对地下水运移的影响机制，地下水的补、径、排特点，地下水的同位素含量、放射性元素含量，以及地下水运移规律、循环特征等方面。

3. 地下水与地表水变化耦合关系

地下水和地表水是水循环过程与水储量的重要组成部分，地下水与地表水有着相互转化、相互依存的联系，并对其作用带内的水流途径、流速、滞留时间、水量交换、水温及水文地球化学组分的分布起着控制作用。近年来，青藏高原冻土消融速度加快、湖泊体量增加，地下水在此过程中具有不可忽视的推动作用（Ge et al.，2008；Cheng and Jin，2013；张建云等，2019）。气候变化背景下，须注重地下水在水循环中的作用，尽快明晰地表水和地下水的耦合过程与机制，及其对高原冰川、冻土、湖泊、地表径流、地下水储量和生态环境的影响。

4. 重点流域地下水储量及变化

青藏高原地下水资源丰富，地下水储存对区域牧业、种植业、制造业和生态系统保护与恢复至关重要，也关系着雅鲁藏布江、长江、黄河、怒江、森格藏布（狮泉河）等重要江河的补给，对保障区域经济社会发展具有重要意义（沈大军和陈传友，1996；张建云等，2019）。青藏高原的地下水温度及其理化性质与高原气候及生态变化密切相关（胡宝怡和王磊，2021）。因此，应该注重以地下水为主的相关研究。在观测资料和机理研究的基础上，发展基于地面实测和卫星观测数据的地下水相关模型，加快分析重点流域地下水储量及变化，以及对流域生态与环境安全、社会经济的影响。

三、水循环变化对生态环境的影响

青藏高原是重要的生态安全屏障，但其自然生态本底脆弱、敏感，在气候变化和人类活动下，其水循环、生态系统质量和稳定性、生物多样性受到影响，生态环境发生了一系列不容忽视的变化（石菊松和马小霞，2021）。青藏高原是亚洲大河文明的水源地，河流源区径流变化不仅会影响到源区的生态环境，还将对下游地区水资源和生态环境产生重大影响，但目前对流域上下游之间的关联以及河流源区变化对下游的潜在影响尚不十分清楚（常福宣和洪晓峰，2021）。为促进青藏高原水文、生态研究，须进一步完善基础观测和平台建设，加强水循环－生态耦合关系等基础理论研究，对重点流域进行整体性协同研究。

1. 构建水文－生态综合观测网络及信息平台

青藏高原水循环变化对生态系统、地貌环境、水资源、自然灾害以及人类生存环境等有着显著的影响。水循环通过降水和蒸散发，影响水资源和土壤湿度，进而影响生态系统过程。为明晰青藏高原水循环变化对生态环境的影响，须建设水文－生态综合观测网络，全方位加强对青藏高原水循环以及生态环境相关要素的监测，由人工观测转向自动监测，监测对象从冰川、湖泊等特定对象向水文水资源和生态环境全要素转变，为水循环与生态环境研究提供数据支撑。此外，须建立相应的水文－生态信息平台，加强数字化和可视化的管理、应用及保护。

2. 水循环-生态耦合关系

青藏高原水循环变化对生态系统的影响主要表现在对生态系统群落组成和结构、植被物候、覆盖度和生产力，以及生态系统水源涵养功能等多个方面（底阳平等，2019）。在群落组成和结构方面，水分条件改变引起群落覆盖度和多样性改变，影响草地群落物种的比例及其相对重要性，进而驱动群落演替（底阳平等，2019）。在植被物候方面，季前降水的增加使得青藏高原大部分地区春季物候提前（Shen et al.，2015），生长季降水增加使得秋季物候延迟（Liu et al.，2016），同时季前降水调节了青藏高原物候对温度的响应（Cong et al.，2017）。青藏高原植被覆盖度和生产力变化总体趋好（朴世龙等，2019；底阳平等，2019），局部地区的变化存在差异，升温和降水的非协调性变化对植被造成复杂的影响，主要体现在不同地区生态控制因子的差异性（底阳平等，2019）。在生态系统水源涵养功能方面，降水和潜在蒸散发变化直接影响生态系统水源涵养量（尹云鹤等，2016）。在青藏高原水循环加剧的背景下，青藏高原多年冻土退化，地下冰融化，地表土壤失去支撑，从而形成滑塌、沉降等热喀斯特地貌。热喀斯特地貌不仅影响公路、铁路等工程建设，还使地表植被被破坏，导致生态系统退化，进而使青藏高原局部地区沙漠化面积扩大。除此以外，热融沉陷形成的低洼地会积水，逐步形成热融湖塘（牟翠翠，2020；Mu et al.，2020）。青藏高原湖泊扩张不仅改变了地貌环境，还可能威胁铁路和公路等工程建设，可可西里盐湖在卓乃湖溃决后快速扩张，2015年10月的盐湖面积是2010年3月的3倍多，该湖泊的急速扩张可能威胁青藏公路和青藏铁路建设等寒区工程（姚晓军等，2016）。青藏高原的冰川退缩，冰川储量逐步减少，冰川融水径流减少甚至消失，未来可利用水资源减少。除此以外，青藏高原冰川快速变化导致冰崩和冰湖溃决等灾害发生频率增加、水资源和水灾害风险增加，影响着青藏高原及周边居民的生活（Huss and Hock，2018；Yao et al.，2019；Gao et al.，

2019；姚檀栋等，2019b；Zheng et al.，2021）。高寒沼泽湿地和高寒草甸生态系统具有显著的水源涵养功能，是稳定江河源区水循环与河川径流的重要因素。同时，青藏高原河川径流变化会给生态环境带来潜在风险。在分析青藏高原更多观测数据资料和全球气候变化研究成果的基础上，须系统分析气候变化和人类活动影响下青藏高原水循环－生态耦合关系，模拟预测气候变化情景下典型流域及整个青藏高原的生态水文变化，揭示青藏高原水循环演变和径流变化对生态环境的影响。

3. 流域整体性协同研究

目前青藏高原水循环变化对生态环境影响的研究仍然存在不足。首先，青藏高原水循环变化对生态系统的影响在不同地区存在差异，升温和降水的非协调性变化对植被造成复杂的影响。因此，需要划分不同的生态研究区，分别进行深入研究。其次，青藏高原水循环变化对地貌环境的影响，如热喀斯特地貌、湖泊变化等，目前缺乏系统和完整的实际验证资料，对未来变化的预测研究难度较大。最后，目前关于灾害发生机理、灾害风险评估、灾害预测以及水资源变化定量评估和预测的研究较少，是未来研究的重点和难点。总之，青藏高原水文研究应当面向国家重大需求，立足青藏高原开展高寒山区水文变化对生态环境影响的前瞻性基础研究（汤秋鸿等，2019a）。在区域地球系统模式中加强高寒山区水文过程与生物及生物地球化学过程的耦合，综合评估亚洲水塔对全球环境变化的响应及其对生态环境的影响。

四、水灾害防治预警

青藏高原冰川快速变化导致冰崩和冰湖溃决洪水等灾害发生频率增加（Huss and Hock，2018；Yao et al.，2019；Gao et al.，2019；姚檀栋等，2019b；邬光剑等，2019；Zheng et al.，2021）。随着气候变暖，青藏高原极端气候事件发生的概率越来越大，暴风雪事件越来越多，暴风雪形成的雪灾造成社会和经济损失（Wang S et al., 2019；Qiu et al., 2019；Liu L et al., 2021）。在青藏高原多年冻土区，由于自然环境变化和人为活动的影响，不少区域存在如热融滑塌、冻胀丘、融沉、冻胀等与冻土变化相关的冻融灾害（张中琼等，2012；牟翠翠，2020；Mu et al., 2020）。2016年7月，阿里地区阿汝错流域的53号冰川发生大规模崩塌事件，形成7000万 m³ 的冰崩堆积体，部分冰崩物质甚至冲进了阿汝错，形成湖涌；2018年10月，位于藏东南地区雅鲁藏布江大拐弯处的色东普沟连续发生冰崩堵江事件，冰崩及其挟带的冰碛物堆积在雅鲁藏布江河谷中，堵塞河道并形成堰塞湖，对当地和上下游区域居民的生命财产安全造成极大威胁。1981年7月和2016年7月，西藏聂拉木县樟藏布冰湖发生溃决，冲毁下游道路、桥梁和电站，对尼泊尔境内造成重大影响。从阿汝冰川冰崩、雅鲁藏布江大拐弯冰崩堵江和樟藏布冰湖溃决灾害可以看出，随着气候持续变暖，青藏高原上的冰川将变得更加不稳定，发生冰川灾害的风险也将增加。发生频率越来越高的水灾害，给青藏高原及周边居民带来了越来越大的威胁，青藏高原水灾害防治预警研究越来越重要和迫切。

1. 重大水灾害成灾机理

目前对于青藏高原水灾害防治预警的研究主要集中在灾害发生原因、灾害发生过程和灾害风险评估等方面。从冰崩和冰湖溃决等冰川灾害的相关研究中可以看出，人们已经认识到冰崩发生的原因主要有地热因素、地震因素和气候变化的影响（胡文涛等，2018）。研究表明，高海拔地区的异常升温是青藏高原及周边地区冰川状态失常的重要驱动力（姚檀栋等，2019b；邬光剑等，2019）。青藏高原暴风雪造成的雪灾为当地牧业带来了巨大的损失，1960～2015年，大规模雪灾减少，但小规模雪灾的频率增加。极端降雪事件发生的年份与大尺度雪灾不对应，雪灾综合风险指数较高的区域主要集中在高原中东部和西南部，呈现出从东北到西南的连续风险带，其中牲畜超负荷和高牲畜密度是雪灾形成的关键驱动因素（Wang S et al.，2019）。研究表明，形成强降雪的原因包括气旋异常位置和强度的变化、水汽来源以及地形的影响等方面（Qiu et al.，2019；Liu L et al.，2021），准确预报强降雪从而减少雪灾对当地牧业的影响的研究有着重要意义。对于冻融灾害，随着气温的升高，青藏高原多年冻土退化，地下冰融化，地表土壤失去支撑从而形成滑塌、沉降等热喀斯特地貌，热融沉陷形成的低洼地会积水，逐步形成热融湖塘（牟翠翠，2020；Mu et al.，2020）。

2. 灾害监测与预警系统建设

截至2022年，在青藏高原及周边区域共建立了5个冰湖灾害监测预警系统，以预测和预防冰湖溃决洪水。这些预警系统可根据其技术结构分为两类：一种是依靠员工协助的半自动系统。例如，不丹的手动电子预警系统安装了6个水位传感器和2个自动气象站，并在冰湖下游的一个村庄里建造了一个有两名工人的控制室，为他们配备了卫星电话以进行信息交流。另一种是全自动预警系统，通常包括实时冰川湖及其母冰川监测、水文气象监测、数据传输和存储以及预警。例如，2014年，在我国喀喇昆仑山克亚吉尔（Kyagar）冰坝湖安装的预警系统由3个观测站组成，分别位于湖岸、河口和下游河段，自动传感器监测的湖泊和河流水位、自动摄像机拍摄的湖泊和河床照片等数据都通过卫星链路及时传输到数据中心，一旦发现溃决洪水，会自动将警告信号发送给地方管理部门。

随着青藏高原水灾害风险不断增加，建设灾害监测与预警系统显得越来越迫切。鉴于樟藏布源头次仁玛错冰湖溃决的高风险性，2020年，第二次青藏高原综合科学考察研究队组织聂拉木冰湖科考分队开展了次仁玛错冰湖溃决灾害监测预警体系建设工作。监测预警体系包括冰湖水位的实时监测、终碛垄的位移、湖面的定时拍照、下游河道径流的观测等，实时监测的数据通过卫星传输至科考人员处进行分析研判。对于雪灾的灾害监测与预警系统，已有一部分科研人员通过遥感（RS）技术及地理信息系统（GIS）较准确地对牧区积雪的变化进行监测分析，并基于积雪数据集、气象观测数据、家畜、草地、社会经济资料及雪灾预警模型构建监测与预警系统（费建瑶等，2018）。但是积雪与气象数据观测的分布密度，以及社会经济资料的实时性与完整性是制约青藏高原雪灾监测和预警系统发展的重要因素。对于冻融灾害对公路和铁路等工程带来的影响，研究人员建立了考虑土体冻融历史的静、动力学模型，提出了多年冻土地区基于变形预测的路基服役年限的多因素评价方法，开发了多年冻土路基的监测、评价及预测的服役性能评价系统（马巍等，2016），而针对热融塌陷的检测与预警系统还未建立。

3. 灾害风险管理与规避措施

未来由于青藏高原升温、冰湖的进一步扩张，冰崩和冰湖溃决洪水的风险可能会增加近3倍（Zheng et al.，2021）。通过高精度遥感数据建立危险冰川和冰湖判读指标及野外实时监测预警系统，将有助于防范冰崩和冰湖溃决灾害。但是针对冰崩与冰湖溃决等冰川灾害的规避措施仍较缺乏。针对冻融灾害，研究人员考虑青藏工程走廊地形地貌条件和冻土地质条件，完成了整个青藏工程走廊热融灾害易发程度区划，建立了高原冻土工程走廊构筑物群致灾因子与灾害评估指标体系（马巍等，2016）。对于重大水灾害的规避措施，已有政府部门针对雪灾对畜牧业的影响采取畜牧业转移、农畜牧产品保险等规避措施（李芙凝，2021）。对于冻融灾害对工程建筑的影响，已经有一系列规避措施，如防治融化措施、防止下沉变形措施等（程国栋和何平，2001；马巍等，2016）。

目前针对青藏高原水灾害防治预警的研究还存在以下不足：第一，水灾害成灾机理研究受到限制。由于灾害数据极其稀缺，观测数据不足，限制了青藏高原水灾害成灾机理方面的研究。第二，重大水灾害监测与预警系统建设工作需要进一步建立和加强。目前青藏高原水灾害监测与预警系统尚未完全建立，需要加强青藏高原地区水灾害预警信息收集、分析和发布的平台建设，能够最大限度地减少灾害给当地居民带来的生命财产损失。第三，重大水灾害综合风险管理方法与体系未完全建立，青藏高原受多致灾因子共同影响，各灾种承灾体多有重叠之处，亟须加强多灾种自然灾害综合管控研究。

第三节 青藏高原水资源保护利用的战略重点

一、冰冻圈变化对亚洲水塔的影响

冰冻圈变化改变亚洲水塔地表水资源的分配形式。亚洲水塔区的降水在2010~2018年持续增加。2016~2018年的降水量均远超平均值，达到1961~2018年的最高值（中国气象局气候变化中心，2019）。青藏高原循环总体增强，但区域差异显著（Zhang et al.，2013；Gao Y et al.，2014）。受西风影响的中部和北部降水普遍增加，在湖泊扩张迅速的内流区，1996~2015年，降水增加约（21±7）%（Yang et al.，2018）；受季风影响的高原南部和东部降水减少，呈现波动性下降。青藏高原大气水汽含量总体增加。1998年以后的大气可降水量明显高于之前的可降水量，增加的水汽主要来自南亚的季风水汽（Lu et al.，2015）。与降水具有明显的区域变化不同，该区域的蒸发普遍增加，主要流域的蒸发均呈现上升趋势（Yang et al.，2014；Liu et al.，2018）。青藏高原20世纪90年代开始冰川不断退缩，退缩幅度在2000年以后加剧，但也存在明显的区域差异。在实际观测的 82 条冰川中（主要在中国境内），55 条冰川处于退缩状态，27 条冰川处于稳定或前进状态。藏东南地区的冰川退缩速率最大，其次为念青唐古拉山和喜马拉雅山；在东帕米尔高原、喀喇昆仑山及西昆仑山地区有一定数量的冰川处于稳定或前进状态（Yao et al., 2012）。内流区（即羌塘高原）的冰川退缩速率较低，西北部退缩最慢。

1961~2014 年，整个青藏高原年积雪日数为 23.78 d，呈缓慢下降趋势，平均每十年减少 0.64 d，但在数理统计上不显著，且在空间分布上，各站点差异性大，而且雪深呈现总体缓慢下降趋势（姜琪等，2020）。2000 年之前雪深呈现较大的波动，从 2000 年开始雪深出现明显的下降，并且波动较小，这一结论与积雪面积的年际变化趋势相似。1980~2016 年，除了青藏高原北部的柴达木盆地和西南部冈底斯山脉和唐古拉山脉之间的降雪较少区域出现零星的降雪增加趋势外，青藏高原大部分区域积雪日数呈逐年递减的趋势，变化趋势小于 2d/a 的区域约占整个青藏高原面积的 1/2。在喀喇昆仑山、昆仑山东段、唐古拉山东段、念青唐古拉山、喜马拉雅山东段，甚至出现小于 4d/a 的下降趋势（车涛等，2019）。西北部积雪日数增加，而东南部减少（He et al., 2018）；积雪日数和雪水当量在高海拔地区减少得更为明显（Huang et al., 2017）。

青藏高原的多年冻土区温度升高明显。冻土从偏冷向偏暖状态变化，偏冷冻土类型向高海拔移动。青藏公路沿线（昆仑山垭口至两道河段）多年冻土区 10 个活动层观测场监测结果显示，1981~2018 年，观测区平均升温速率达 0.68℃/10 a，活动层平均增厚速率为 19.5 cm/10 a。而 1998~2018 年，活动层增厚速率达 28 cm/10 a，表现出增厚加快的特点（中国气象局气候变化中心，2019）。不同观测场 20 m 地温在 2005~2017 年均呈现出明显的线性上升趋势，升温速率变化范围为 0.02~0.26℃/10 a。

青藏高原的湖泊数量、面积和水量在1995～2019年显示快速增加。面积大于1 km²的湖泊数量增加16%，其中42个为新出现湖泊，湖泊总面积由（40 126±1022）km²增加至（47 366±486）km²，增幅达18%（Zhang et al., 2014）。与湖泊面积变化响应，湖泊水位和水量出现相应变化。2003～2009年，高原74个大湖水位平均上升速率为0.21 m/a（Zhang et al., 2011）。高原湖泊水量1976～1990年共减少了236.9亿m³，1990～2013年增加了1408亿m³（Zhang et al., 2017；朱立平等，2019）。增加的湖泊水量主要集中在青藏高原的中部和北部。在高原南部，湖泊收缩，水位下降，湖泊水量减少（Qiao et al., 2019；Zhang et al., 2013）。

青藏高原的河流径流变化具有明显的时空分异。20世纪80年代至21世纪初，青藏高原东北部径流具有下降趋势（Cuo et al., 2014；Liu et al., 2018）。但2003～2014年，东部相对干旱流域（长江、黄河、澜沧江上游）径流增加，黄河源区（唐乃亥水文站以上流域）径流增加较长江源区出现得更早，而湿润流域（怒江上游、雅砻江）径流减少，这与降水的空间变化基本一致（Yang et al., 2014）。降水是东部各大河流流域径流量演化的主要驱动因子，但冰川后退也在一定程度上影响径流量的变化。青藏高原西部森格藏布（狮泉河）上游流域径流在1970～2013年轻微增加。发源于喀喇昆仑山的叶尔羌河在20世纪下半叶年径流量显著增加，而和田河径流量表现为保持稳定并有略微减少的趋势。

冰冻圈变化影响了亚洲水塔的地表水资源质量。青藏高原的河流输沙量以增加趋势为主，变化具有明显的时空分异。1960～2017年，叶尔羌河源、疏勒河源、黑河源以及怒江源输沙量显著增加，平均增加速率分别为6.08%/10 a、12.54%/10 a、19.36%/10 a以及25.12%/10 a；雅鲁藏布江源和澜沧江源输沙量略有增加，平均增加速率分别为1.47%/10 a和3.12%/10 a；长江源和黄河源输沙量略有降低，平均降低速率为1.04%/10 a和8.19%/10 a（Li et al., 2020）。青藏高原河流输沙量变化受气候变化下多因素正负反馈平衡机制影响。气温、降水以及冰川融水增加为河流输沙量增加提供了动力来源，植被趋好则抑制水土流失，减少河流含沙量（张凡等，2019）。对于冰川面积占比较小的河源区，输沙量与降水量呈显著正相关，如雅鲁藏布江中上游地区，降水总量和侵蚀性降水的增加是输沙量增加的主要原因，趋好的植被通过减少地表产流有效地减少输沙量。对于冰川面积占比较大的河源区，气温是输沙量增加的主控因素，如在长江源区的沱沱河，气温升高导致冰川冻土融化，水流侵蚀力和输沙能力增强是其输沙量增加的主要原因，降水的增加是次要原因（Zhang F et al.，2020）。

湖泊水质的实地调查表明该区域湖泊具有盐度分布范围广、透明度高、富营养化程度低、浮游植物密度低和荧光溶解有机质（fDOM）浓度低的基本特征（Liu et al.，2021b）。湖泊透明度与盐度遥感反演结果表明，2000~2019 年 152 个大于 50 km² 的湖泊年均透明度［海水透明度盘深度（Secchi Disk Depth，SDD）］以 0.033 m/a 的速率显著升高，而盐度年均值在同期呈显著下降趋势。湖泊透明度空间变化与水体主要光学组分（悬浮物、fDOM、叶绿素 a）之间的关系微弱，与湖泊面积规模呈显著正相关，与冰川补给条件的关系并不显著（Liu et al.，2021a）。湖泊盐度与湖泊面积存在显著关系，受冰川分布影响明显，总体上会随着湖泊水量的增加而呈现下降态势。湖泊透明度年际变化受湖泊扩张的显著影响，而与该地区温度、风速年际变化的关系并不明显。湖泊盐度年际变化与温度之间并未表现出显著相关性，但受到湖泊水量平衡变化的控制。

青藏高原变化影响周边地区水资源供给，其对周边水的供给服务主要通过流域间的水资源流动实现。通过模拟基于自然汇流状态下的流动过程，不考虑人为取水与管道引水等人为影响因素，利用水供给服务区域界线、土地覆被类型、流向、供给、需求这 5 个变量构建了水供给服务空间流动模型。水供给服务的供给矩阵基于 InVEST 模型和水量平衡方程计算得到。水供给服务的需求矩阵由不同类型用水量与相应土地覆被类型建立空间对应关系得到。根据青藏高原涉及流域水供给服务流动模拟结果，2000年、2005年、2010年和2015年我国境内青藏高原对区外水供给服务的物质量为净流出关系。

我国境内与青藏高原交界的流域涉及12个，分别为昆仑山北麓诸小河、黄河龙羊峡至兰州段、金沙江石鼓以上、嘉陵江、岷江与沱江、塔里木河源、河西走廊内陆河、金沙江石鼓以下、雅鲁藏布江、怒江与伊洛瓦底江、澜沧江、藏南诸河。2000年、2005年、2010年和2015年，净流出物质量分别为5782.77亿m^3、7180.74亿m^3、6804.92亿m^3和2661.32亿m^3。在以上四年对相邻地区净流出的物质总量（22 429.75亿m^3）中，排在前三位的分别是怒江与伊洛瓦底江、昆仑山北麓诸小河、金沙江石鼓以上，净流出总量分别为1118.80亿m^3、1083.00亿m^3和928.40亿m^3，分别占4.9%、4.8%和4.1%，而流向嘉陵江的净流入总量为75.52亿m^3，仅占0.34%。

根据我国境内青藏高原与周围地区之间的物质流动量，运用影子工程法分析水供给服务价值流。2000年、2005年、2010年和2015年水供给服务的价值量为净流出关系，净流出价值量分别为45 857.37亿元、56 943.27亿元、53 963.02亿元、21 104.27亿元。根据青藏高原在我国境内与周边国家（地区）间水供给服务流动的模拟结果，2000年、2005年、2010年和2015年对周边国家流出的水供给服务物质量为净流出关系。青藏高原上与我国交界的国家有8个，分别为不丹、印度、吉尔吉斯斯坦、缅甸、尼泊尔、巴基斯坦、塔吉克斯坦、阿富汗。2000年、2005年、2010年和2015年我国对周边国家流出的水供给服务物质量分别为893.99亿m^3、1215.53亿m^3、1011.05亿m^3和234.16亿m^3。在以上四年对周边国家的水供给总服务物质总量（3354.73亿m^3）中，排在前三位的分别是印度、尼泊尔和不丹，净流出总量分别为752.00亿m^3、

397.00 亿 m³ 和 80.30 亿 m³，分别占 22.4%、11.8% 和 2.4%，而对吉尔吉斯斯坦的净流出总量最少，仅有 409 443 m³。根据我国与周边国家之间的水供给服务流动价值量流量统计，运用影子工程法对水供给服务的价值流进行分析。2000 年、2005 年、2010 年和 2015 年青藏高原对周边国家流出的水供给服务价值量分别为 7089.34 亿元、9639.15 亿元、8017.63 亿元和 1856.89 亿元。

二、南水北调（西线）调水潜力及生态环境影响

南水北调西线工程的规划是在长江上游通天河、支流雅砻江和大渡河上游筑坝建库，通过输水隧洞，调长江水入黄河上游。根据 2002 年国家《南水北调工程总体规划》，该工程分为 3 期，雅砻江、大渡河上游 5 条支流调水 40 亿 m³（径流 61 亿 m³）为一期工程，雅砻江干流调水 50 亿 m³（径流 71 亿 m³）为二期工程，通天河（金沙江）调水 80 亿 m³（径流 124 亿 m³）为三期工程，多年平均总调水量 170 亿 m³，调水量占引水枢纽处河流径流量的 65%～70%，占所在河流径流量的 5%～14%。进口死水位海拔 3584～3770 m，出口水位 3442 m。

西线工程水源区位于长江上游的江河源区，自然生态环境极其脆弱，野生动植物资源十分丰富，经济发展水平严重滞后。该工程会对水源区的水情、水质、生物、湖泊湿地等产生一定影响。西线工程从通天河、雅砻江、大渡河调水，将使引水枢纽下游局部河段径流量明显减少。但一般在坝下游距引水枢纽 4～10 km 都有支流汇入，河川径流又明显增加。调水后，下游河道流量减少，河段内水深、流速、水面宽、水面面积相应减小。调水对汛期水文过程影响较大，主要表现在洪峰流量和频率的减少。随着向下游推移，区间来水量逐渐增多，调水对河流水文过程的影响也逐渐减弱。调水使河流下泄水量减少，河流环境容量也减小，

降幅为 13%~32%。水源区主要靠天然降水补给维系地表植被、生物种群等生态系统的水分，因此径流量及水位的变化不会对当地生态系统产生重大不利影响。部分输水工程处在湿地生态系统中，将会对湿地、森林生态系统产生影响。此外，工程施工中还会造成一定的植被破坏和水土流失。西线调水区域通天河、雅砻江、大渡河流域的工农业需水量分别占全河多年平均径流量的 1.3%、5.1% 和 7.1%，调水对当地工农业用水影响不大。

因此，可以适当减小西线工程的调水规模。水源区位于生态环境脆弱区和典型气候变化敏感区，考虑到未来气候等变化的不确定性，宜多留环境裕量。重点措施包括生态调度、洪水资源调度、水源区水资源统一调度以及研究西线工程调水对长江流域梯级水库群的影响等；重视建立生态补偿机制；建议从资金补偿、工程补偿、参与性补偿等方面考虑，建立长效补偿机制；开展环保施工研究；工程区施工条件恶劣、生态环境脆弱，施工过程中要尽量减少生态破坏、防止水土流失、避免环境污染。

三、亚洲水塔综合监测-预警体系

应对气候变暖背景下的亚洲水塔快速变化及其水资源和生态环境影响，需要完善水汽、冰川、积雪、冻土、湖泊、河流、水灾害等监测，构建空-天-地一体化的高新观测技术，实现由监测平台向预警平台的转化，建设智能化的亚洲水塔重点监测体系，构建国家级的亚洲水塔监测体系并建立冰川灾害监测预警平台。

1. 构建国家级的亚洲水塔监测体系

对亚洲水塔的研究程度依赖于对气候、冰冻圈和水文数据的可靠观测和收集。然而，亚洲水塔的气象站大多位于海拔 5000 m 以下，特别是只有不到 0.1% 的冰川和湖泊有观测站，对积雪、冻土的观测也缺乏系统性。亚洲水塔观测研究网络是必要的，包括气象、冰川、积雪、冻土、湖泊、河流（出山口）观测站点，而且需要在重点区域和重点流域进行强化监测。通过"泛第三极环境变化与绿色丝绸之路建设"专项和第二次青藏高原综合科学考察研究，已经建立了亚洲水塔的观测体系，但是需要长期、稳定的人力、物力和财力的支持来保证这些站点监测工作的开展。建议将亚洲水塔监测纳入国家自然资源和生态环境常态化监测体系，建设国家级监测平台，采用新技术和新手段，实现标准化的协同监测，及时、准确掌握青藏高原水资源的动态变化及趋势。

2. 建立冰川灾害监测预警平台

针对雅鲁藏布江的冰崩堵江，以雅鲁藏布江加拉白垒峰色东普沟冰崩堵江点为核心，开展周边区域冰川、气象、水文等综合立体监测与研究。利用全天候监控技术对沟谷内和堵江点进行不同角度的实时视频与雷达监测、定时拍照、气象监测、水位定时监测等，直观获得堵江点影像资料和水文气象要素时间变化序列，实现高质量动态监测与远程传输功能，通过观测系统与数据管理系统的建立，构建雅鲁藏布江冰崩堵江灾害链实时监测与预警平台。

针对喜马拉雅山脉中部冰湖溃决洪水灾害风险，以聂拉木樟藏布沟次仁玛错冰湖为核心，开展区域冰川、气象、水文等综合立体监测与研究。利用全天候监控技术对次仁玛错冰湖进行实时视频监测、定时拍照、气象监测、水位定时监测等，直接获得影像资料和定量变化资料，实现远程传输功能，建设数据处理与产品加工系统，具有数据汇集、存储和常规处理等功能，实现高质量、高水平、高层次数据产品的连续、动态监测，构建冰湖溃决洪水灾害链实时监测预警系统。

第四章

青藏高原生态屏障区生态系统保护修复

第一节　青藏高原生态系统保护修复的基本情况

一、生态系统现状

(一)生态系统格局

1. 总体格局

青藏高原是全国自然生态系统最集中的区域，分布有森林、灌丛、草地、荒漠等复杂多样的生态系统类型。

草地、裸地、森林、灌丛是青藏高原主要的生态系统类型，2020年四类生态系统面积之和共占青藏高原生态系统总面积的86.56%。青藏高原生态系统类型中，草地面积最大，为154.51万km^2，占生态系统总面积的55.49%；其次为裸地和森林，分别占生态系统总面积的14.91%和8.60%；城镇、河流和人工水域面积较小，分别占生态系统总面积的0.25%和0.29%（表4-1）。①

2. 不同生态系统类型的分布状况

青藏高原各种生态系统类型在空间上具有明显的地带性分布规律（表4-2）。具体来讲，森林生态系统类型主要分布于青藏高原东南部地区，位于西南诸河以及长江上游流域，行政单元以四川、西藏和云南分布区为主，共22.77万km^2，占青藏高原森林总面积的95.11%。灌丛生态系统多以过渡性植被出现在其他生态系统类型边缘，总体空间分布与森林

---

① 本章数据来源：吴炳方. 2023. 青藏高原中分辨率土地覆被数据（1980s—2020）. https://doi.org/10.11888/Terre.tpdc.300593. https://cstr.cn/18406.11.Terre.tpdc.300593[2024-12-20]. 由于具体任务的测量边界差异，此节青藏高原我国境内的面积和其他说法有所不同。本章青藏高原生态系统类型面积和占比均指我国境内。

表 4-1 青藏高原不同生态系统类型面积构成（2020 年）

生态系统类型	面积 / 万 km²	面积比例 /%	生态系统类型	面积 / 万 km²	面积比例 /%
森林	23.94	8.60	裸地	41.52	14.91
灌丛	21.07	7.57	冰川/永久积雪	4.87	1.75
草地	154.51	55.49	沼泽	7.48	2.69
农田	5.79	2.08	湖泊	5.22	1.87
城镇	0.71	0.25	河流和人工水域	0.81	0.29
荒漠	12.53	4.50			

表 4-2 青藏高原各省份生态系统面积（2020 年）

（单位：万 km²）

生态系统类型	四川	云南	西藏	甘肃	青海	新疆
森林	9.99	4.33	8.45	0.92	0.24	0.01
灌丛	7.88	1.32	8.34	1.39	2.06	0.08
草地	11.49	1.63	81.46	6.83	39.43	13.67
农田	2.06	1.02	0.61	1.09	0.92	0.09
城镇	0.14	0.10	0.10	0.10	0.26	0.01
荒漠	0.00	0.00	0.46	1.53	9.47	1.07
裸地	1.29	0.09	12.42	2.17	10.92	14.63
冰川/永久积雪	0.19	0.08	2.61	0.09	0.45	1.45
沼泽	0.68	0.01	2.18	0.27	4.16	0.18
湖泊	0.03	0.04	3.27	0.01	1.54	0.33
河流和人工水域	0.19	0.04	0.30	0.03	0.20	0.05

相似。西藏、四川、青海是主要分布区，总面积 18.28 万 km²，占高原灌丛总面积的 86.76%。

草地生态系统是青藏高原主要的生态系统类型，广泛分布在高原中西部地区，这里也是我国高寒草甸和高寒草原的集中分布区。其中，西藏和青海草地总面积 120.89 万 km²，占青藏高原草地总面积的 78.24%。荒漠生态系统主要分布于青海（9.47 万 km²），青海荒漠面积占青藏高原荒漠面积的 75.58%。

湖泊主要分布于青藏高原中西部，西藏、青海湖泊面积占青藏高原湖泊总面积的 92.15%。沼泽主要分布在青海（三江源）、西藏（那曲）、四川（若尔盖），三省份沼泽面积占青藏高原沼泽总面积的 93.85%。冰川/永久积雪在高原中部、西部、南部高山地区均有分布，以西藏和新疆为主，两省份占 83.37%。

农田和城镇生态系统空间分布基本与人口分布一致，主要分布在川西、青海东部等低海拔地区。

3. 生态系统格局变化

近年来，青藏高原生态系统格局总体稳定，生态系统类型发生转化的比例远低于同期全国水平。2000～2020 年，青藏高原共计 1.96 万 km² 的生态系统发生了变化，约占生态系统总面积的 0.70%（表 4-3 和表 4-4），具体表现为城镇、湖泊、河流和人工水域的总面积增加，而森林、灌丛、草地、农田、荒漠、冰川/永久积雪、沼泽的总面积有所减少。发生变化的区域主要分布在高原中西部湖泊周边、北部荒漠、柴达木盆地以及

表 4-3　青藏高原生态系统类型 2000 年和 2020 年面积及变化对比

生态系统类型	2000 年面积/万 km²	2000 年比例/%	2020 年面积/万 km²	2020 年比例/%	变化面积/万 km²
森林	23.97	8.61	23.94	8.60	−0.03
灌丛	21.09	7.57	21.07	7.57	−0.02
草地	154.84	55.60	154.51	55.49	−0.33
农田	6.02	2.16	5.79	2.08	−0.23
城镇	0.46	0.17	0.71	0.25	0.25
荒漠	12.70	4.56	12.53	4.50	−0.17
裸地	41.62	14.95	41.52	14.91	−0.10
冰川/永久积雪	4.92	1.77	4.87	1.75	−0.05
沼泽	7.54	2.71	7.48	2.69	−0.06
湖泊	4.55	1.63	5.22	1.87	0.67
河流和人工水域	0.76	0.27	0.81	0.29	0.05

注：2000 年和 2020 年生态系统类型总面积的差额由测量误差和数据修约所致。

表 4-4　青藏高原生态系统类型相互转换情况（2000~2020 年）

2000 年生态系统类型	2020 年生态系统类型	转换面积 / 万 km²
草地	湖泊	0.40
荒漠	湖泊	0.20
裸地	湖泊	0.15
农田	草地	0.15
冰川 / 永久积雪	裸地	0.11
草地	城镇	0.10
农田	城镇	0.10
沼泽	湖泊	0.07
湖泊	荒漠	0.07
农田	灌丛	0.05
农田	森林	0.05
其他生态系统之间的转换		0.51

东南部低海拔地区。

生态系统类型变化的形式以湿地（湖泊等）扩张和城镇增加为主。其中，湖泊扩张淹没草地、荒漠、裸地共 7500 km²。青藏高原气候恶劣，城镇总面积较小，但也出现了明显的城镇化过程。城镇占用农田、草地、荒漠、灌丛和森林等的面积，其中占用农田和草地的面积都达 1000km²。

（二）生态系统质量

近年来，青藏高原生态系统质量整体趋好。优良等级草地、森林面积分别提高了 5.7 个和 11.3 个百分点。

2000~2015 年，青藏高原森林、灌丛、草地生态系统质量总体改善明显，优良生态系统面积占比由 15.7% 增加至 21.4%。其中，优良草地生态系统的改善速度最为明显，优等质量草地比 2000 年增加了 282%。[①]

---

① 部分分析基于 2015 年的数据，其为可公开的最新数据。

2000～2015年，青藏高原森林生态系统质量总体得到提高，优、良等级的森林面积比例分别提高71.5%和58.3%，低、差等级的森林面积比例分别下降25.9%和33.8%。约47.4%的森林生态系统的质量有不同程度的提高，主要分布在横断山东部、喜马拉雅山脉北部等主要森林分布区。约9.3%的森林生态系统质量有所下降，主要分布在三江源南部、横断山西部、喜马拉雅山脉南部等主要森林分布区中海拔相对较高地区。

2000～2015年，灌丛生态系统质量总体得到改善，质量为优等级的面积比例从28.7%提高到32.9%。青藏高原全区有33.3%的灌丛生态系统质量有不同程度的提高，主要分布在横断山东部和喜马拉雅山脉东南部。19.5%的灌丛生态系统质量有所下降，主要分布在横断山中西部及冈底斯山—喀喇昆仑山一带。

2000～2015年，草地生态系统质量得到改善，质量为优等级的面积比例由2.9%增加到10.9%，新增12.4万km^{2}优等草地。共有26%的草地生态系统质量有不同程度的提高，青藏高原东南部总体有所提升。8.3%的草地生态系统质量有所降低，主要分布在羌塘高原、冈底斯山—喀喇昆仑山一带。

（三）生态系统功能

青藏高原是我国重要的生态屏障，对保障我国生态安全具有极其重要的意义。青藏高原拥有独特地形地貌、大气环流体系和生态系统多样性，是长江、黄河等重要河流的发源地，该区域生态系统水源涵养量占到全国水资源总量的20%，特别是高寒草地和森林在遏制土壤流失方面发挥了重要的屏障作用。青藏高原生态系统碳汇占我国生态系统碳汇的10%～16%，特别是土壤固碳能力显著。此外，青藏高原东南部的横断山区是全球生物多样性保护热点区域之一。

近几十年来，青藏高原生态系统主要功能如水源涵养、土壤保持和防风固沙功能稳中有升。但随着气候变化和人类活动的加剧，青藏高原生态系统正承受着越来越大的压力，生态系统表现出稳定性降低、脆弱性增强和生态系统服务削弱等特征，进而影响了高原生态安全屏障功能的发挥。当前亟须加强青藏高原水源涵养、土壤保持、防风固沙、碳固定、生物多样性维持功能的现状及其动态研究，分析生态系统服务价值量变化特征，为青藏高原屏障区生态系统管理提供科学依据。

1. 水源涵养

2015 年，青藏高原生态系统水源涵养总量为 2.445×10^{11} m³，空间上大体呈西低东高的分布格局。水源涵养量高值区主要位于四川、西藏等地。其中，草地生态系统的水源涵养量占水源涵养总量的 60.94%。其次为森林生态系统，水源涵养量占水源涵养总量的 14.01%。

2000~2015 年，青藏高原生态系统水源涵养总量增加 1.799×10^{9} m³，增幅 0.7%。森林、灌丛和草地生态系统水源涵养服务变化不大，水源涵养服务增加主要体现在湿地生态系统和其他生态系统。水源涵养量增加的区域主要分布于青藏高原中部，处于西北诸河流域，水源涵养量减少的区域主要分布于青藏高原东北部，位于青海省。

2. 土壤保持

2015 年，青藏高原生态系统土壤保持总量为 211.55 亿 t，单位面积土壤保持量为 87.00t/（hm²·a），大体呈东南高西北低的分布格局。土壤保持强度较高的区域主要位于四川中西部、西藏东南部、云南西北部。

将青藏高原土壤保持服务按照重要性特征划分为四个等级，分别为一般、中等重要、重要和极重要区域。2015 年，青藏高原生态系统土壤保持极重要区域总面积为 14.68 万 km²，约占全区面积的 6.03%，主要分布在四川西部、云南西北部、西藏东南部、青海东部等。重要区域总面积为 19.06 万 km²，约占全区面积的 7.83%，主要分布在西藏中东部、四川西部、青海东部和甘肃西南部。中等重要区域总面积为 24.21 万 km²，约占全区面积的 9.95%，主要分布在西藏中东部、四川西部、青海东部和南部。一般区域总面积为 185.35 万 km²，约占全区面积的 76.18%[①]，主要分布在青藏高原的西部、北部、南部和中部。

从时间动态来看，2000~2015 年，青藏高原生态系统土壤保持总量持续增加，从 2000 年的 208.47 亿 t 增加到 2015 年的 211.55 亿 t，15 年共增加 3.08 亿 t，增幅为 1.48%。

3. 防风固沙

2015 年，全区各类生态系统防风固沙总量为 13.65 亿 t，单位面积防风固沙量为 568.40 t/(km²·a)。其中，草地生态系统防风固沙量为 11.67 亿 t，约占全区生态系统固沙总量的 85.5%，是全区生态系统防风固沙功能的主体；灌丛、森林和其他生态系统的防风固沙量分别为 0.22 亿 t、0.02 亿 t 和 1.74 亿 t。

2000~2015 年，青藏高原生态系统防风固沙总量呈现整体增加趋势，从 2000 年的 8.05 亿 t 增加到 2015 年的 13.65 亿 t，15 年来总计增加 5.6 亿 t，增幅达到 69.57%。改善区域大多集中分布在西藏西北部和青海西部。也有部分区域发生了防风固沙功能的恶化，主要发生在青海东部和西藏中东部。

二、生态屏障区的主要生态问题

（一）生态系统退化的问题

草地、湿地等生态系统质量整体较低，退化风险高。受气候暖湿化和人类活动影响，青藏高原生态安全屏障仍然面临草地退化、冻土面积萎缩、沼泽湿地减少等生态风险。

---

① 百分比之和不为 100% 为数据修约所致。

青藏高原生态系统退化问题依然严重。其中，森林、灌丛退化面积比例达70%以上，主要分布在横断山河谷地区。草地退化面积比例超过80%，主要分布在青藏高原西北部。

2015年，青藏高原森林生态质量为优等级的面积占比为19%，良等级比例为11.3%，低质量生态系统（低和差）占森林生态系统总面积的46.6%。质量差和质量低的森林生态系统，主要分布在青藏高原东南部（西藏山南市西南部、林芝市西南部和滇西北迪庆藏族自治州等）和东部（四川阿坝藏族羌族自治州东部等）。质量优的森林生态系统主要分布在西藏山南市东南部、林芝市西部、昌都市和四川甘孜藏族自治州（简称甘孜州）。

2015年，青藏高原灌丛生态质量为优等级的面积占比为32.9%，良等级比例为8.1%，低质量生态系统（低和差）占灌丛生态系统总面积的48.2%。青藏高原灌丛集中分布在高原东南部，即滇西北、川西、甘肃西南部、青海东部以及西藏东南部和中西部等地区。在质量等级分布中，质量差的区域主要分布在西藏的中西部、林芝市西南部、山南市中部，四川凉山彝族自治州、阿坝藏族羌族自治州，甘肃甘南藏族自治州和青海海南藏族自治州。而质量优的灌丛主要集中于山南市北部、昌都市和甘孜藏族自治州。

2015年，青藏高原草地生态质量为优等级的面积占比为10.9%，良等级比例为7.4%，低质量生态系统（低和差）占草地生态系统总面积的72.2%。在质量等级分布中，质量差区域主要分布在西藏的阿里地区、日喀则市、山南市中部，四川凉山彝族自治州、阿坝藏族羌族自治州，甘肃甘南藏族自治州。而质量为优的区域主要集中在林芝市、拉萨市、昌都市和甘孜藏族自治州等地区。

（二）生物多样性面临的问题

青藏高原受威胁物种多，受人类活动与气候变化影响较大。截至

2022年，维管植物、脊椎动物、特有种子植物分别占全国的45.8%、40.5%和24.9%，其中受威胁物种和灭绝维管植物物种约占全国受威胁和灭绝物种的1/5，9.58%脊椎动物为受威胁物种。青藏高原维管植物中约有662种受威胁物种和灭绝物种，约占中国维管植物受威胁物种和灭绝物种的1/5（傅伯杰等，2021）。根据2015年《中国生物多样性红色名录》，青藏高原维管植物有398种（2.72%）属于易危等级（VU），190种（1.30%）属于濒危等级（EN），69种（0.47%）属于极危等级（CR），1种（0.007%）属于地区灭绝（RE），4种（0.03%）属于灭绝（EX）。属于近危等级（NT）的高等植物有600种，属于数据缺乏等级（DD）的有652种。

值得注意的是，近危物种正遭受着不同因素的威胁，这些物种如果继续遭受外界的负面影响，在不久的将来极有可能成为受威胁物种。数据缺乏等级（DD）物种的保护现状也非常严峻，其原因在于缺乏研究和野外实地调查，生存现状和受威胁程度未知，所以更应受到关注。因此，需要重点关注和保护的植物达1252种，占青藏高原维管植物物种总数的8.5%。

数据缺乏物种的比例很高，表明对青藏高原维管物种资源的本底还不清楚，因此进一步加强物种资源本底调查不仅必要，而且十分迫切。以往仅靠重点区域或重点物种为对象的小规模调查将难以达到全面掌握物种资源本底的目的，需要组织开展大规模的以县域为单元的生物多样性本底调查，从而真正查明青藏高原维管植物物种资源的数量、县域范围的具体分布情况、居群数量、受威胁现状以及潜在的威胁因素等，为青藏高原未来生物多样性保护提供坚强的科学支撑。

世界自然保护联盟（IUCN）红色名录中属于极危（CR）、濒危（EN）、易危（VU）三个等级的物种称为受威胁物种。青藏高原维管植物受威胁的物种共计657种，约占中国维管植物受威胁的物种总数（3650种）的18%。物种评估过程基于每一物种的地理分布、居群情况与威胁因素等数据。濒危物种的分布及濒危等级可为相关主管部门和地方政府制定物

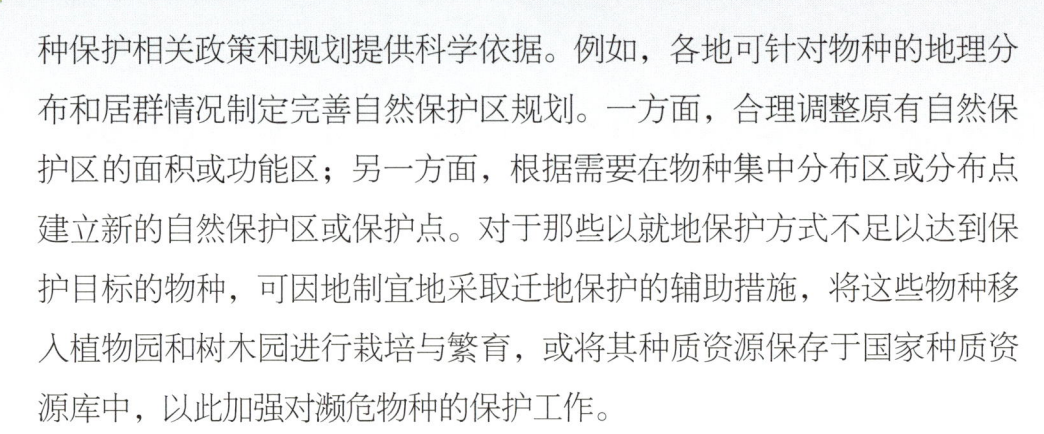

种保护相关政策和规划提供科学依据。例如，各地可针对物种的地理分布和居群情况制定完善自然保护区规划。一方面，合理调整原有自然保护区的面积或功能区；另一方面，根据需要在物种集中分布区或分布点建立新的自然保护区或保护点。对于那些以就地保护方式不足以达到保护目标的物种，可因地制宜地采取迁地保护的辅助措施，将这些物种移入植物园和树木园进行栽培与繁育，或将其种质资源保存于国家种质资源库中，以此加强对濒危物种的保护工作。

青藏高原维管植物属于灭绝等级（EX）的植物有4种，即唇形科（Lamiaceae）干生铃子香（*Chelonopsis siccanea*）、兰科（Orchidaceae）单花美冠兰（*Eulophia monantha*）、列当科（Orobanchaceae）矮马先蒿（*Pedicularis humilis*）和菊科（Compositae）小叶橐吾（*Ligularia parvifolia*）；属于地区灭绝（RE）等级的物种有1种，即兰科蒙自石豆兰（*Bulbophyllum yunnanense*）。物种灭绝的主要原因是生境的丧失和退化。由于人类经济活动改变了土地性质，野生植物分布地转变为农林产品用地、城镇建设用地及路网管线场地，从而蚕食毁坏植物的原生境，久而久之，造成物种居群数量减少直至消失，因此对青藏高原维管植物的保护力度应增强。此外，与《中国生物多样性红色名录》中中国维管植物总体的评估结果进行对比表明，青藏高原维管植物的受威胁物种和灭绝物种的比例低于中国维管植物的评估结果。

总体而言，在遗传多样性格局方面，青藏高原地区的遗传多样性高于东亚其他地区（特别是海拔较低地区）。一些研究中发现，青藏高原地区遗传多样性分布与经度、纬度、海拔之间没有显著的相关性；遗传多样性高的区域在青藏高原分布稀疏，相互隔离，而横断山区遗传多样性区域面积更大，相互联系更紧密。迄今，共研究确定了青藏高原9个关键的遗传多样性热点地区，并且遗传多样性的分布模式与物种多样性不一致，如有几个遗传多样性热点区域的物种多样性却很少。青藏高原特殊的遗传分布模式可能与近期的造山运动和气候波动有关，它们加速了许多类群的多样化率，形成了许多避难所与次分化区域，这些地区在过去扮演了重要的角色。虽然在青藏高原已经建立了大面积的国家和地方自然保护区，但多物种遗传多样性的研究可能会发现更多有价值的保护区域，这有助于我们对当前保护区域作出科学的调整，建立新的储备，扩大当前的保护区和增加小型孤立保护区之间的连接，更好地反映进化热点的分布，从而保护具有巨大进化潜力的地区。

（三）土地退化问题

水土流失、土地沙化等生态问题仍然较为严重。尽管青藏高原生态退化趋势得到遏制，但重度以上水土流失和土地沙化面积分别占青藏高原总面积的 7.6% 和 10.7%（傅伯杰等，2021），局部地区水土流失和荒漠化、沙化仍有扩展。

1. 土壤侵蚀

土壤侵蚀是土壤退化的一种表现形式，土壤过度侵蚀是目前世界上最重要的土地退化问题之一。土壤侵蚀过程可能非常缓慢，也可能以较快的速度造成表土的严重流失。随着青藏高原基础建设加快、人类活动增强，土壤侵蚀速率提高，而过度的土壤侵蚀使营养丰富的上层土壤流失，最终导致土地荒漠化。

根据修正通用土壤流失方程（RUSLE）计算得到青藏高原土壤平均侵蚀模数为 2056.58t/（km^2·a），整体呈现"南高北低"趋势。进一步采用水利部《土壤侵蚀分类分级标准》（SL 190—2007）对土壤侵蚀模数的分级，将土壤侵蚀强度分为微度、轻度、中度、强度、极强度以及剧烈六个等级（表 4-5）。分析发现，青藏高原发生土壤侵蚀的面积较大，中度侵蚀及以上面积约 46 万 km^2，中度侵蚀以上面积占 18.6%，主要分布在青藏高原东南高山峡谷地区。

表 4-5　土壤侵蚀强度分级标准表　　　[单位：t/(km²·a)]

级别	平均侵蚀模数		
	西北黄土高原区	东北黑土区/北方土石山区	南方红壤丘陵区/西南土石山区
微度	<1 000	<200	<500
轻度	1 000~2 500	200~2 500	500~2 500
中度	2 500~5 000		
强度	5 000~8 000		
极强度	8 000~15 000		
剧烈	>15 000		

与 2000 年相比，2015 年青藏高原土壤侵蚀总体好转，但部分区域土壤侵蚀状况恶化。15 年间，土壤侵蚀变化区域主要集中在雅鲁藏布江沿线、喜马拉雅山脉和横断山等地形起伏较大的高山地区。土壤侵蚀强度总体降低，其中剧烈侵蚀、极强度侵蚀、强度侵蚀面积分别下降 39.5%、45.8%、30.9%。

2. 土地沙化

土地沙化是土壤侵蚀使得表土失去细粒（粉粒、黏粒）而逐渐沙质化，或流沙（泥沙）入侵导致土地生产力下降甚至丧失的现象。土地沙化多分布在干旱、半干旱的脆弱生态环境地区，或者邻近大沙漠地区及明沙地区。土地沙化的成因有气候等自然因素，也有过度放牧、乱砍滥伐森林、开荒、不合理利用水资源等人类活动的原因。土地是否发生沙化与土壤的水分平衡有关，当土壤水分补给量小于损失量时就有发生沙化的倾向。土地沙化导致可利用土地资源减少、土地生产力衰退、自然灾害加剧等。西藏的土地沙化面积居全国第三位，仅次于新疆和内蒙古，具有类型全、海拔高、气温低等特点，治理难度大。而西藏地区的干旱少雨和大风天气则是加剧土地沙化的自然元凶，同时也使得在青藏高原上治理土地沙化的难度加大。而乱砍滥伐、过度开荒和放牧、过度采集中草药和开发矿产，都会造成地表植被的破坏，加剧土地的沙漠化。而土地沙化是环境退化的标志，是环境不稳定的反馈过程，所以研究土地沙化尤为重要。

根据归一化植被指数、海拔、气候分区提取潜在沙化区，然后根据植被覆盖度对土地沙化进行分级（表4-6）。分析发现，青藏高原中度及以上土地沙化面积为46.9万km^2，沙化程度依然严重。

表4-6 青藏高原土地沙化分类依据

土地沙化程度	分类依据	主要特征
轻度	植被覆盖度为40%~55%（极干旱、干旱、半干旱区）或≥50%（其他气候类型区）	基本无风沙流活动的沙化土地，或一般年景作物能正常生长、缺苗较少（一般少于20%）的沙化耕地
中度	植被覆盖度为25%~40%（极干旱、干旱、半干旱区）或30%~50%（其他气候类型区）	风沙流活动不明显的沙化土地，或作物长势不旺、缺苗较多（一般20%~30%）且分布不均的沙化耕地
重度	植被覆盖度为10%~25%（极干旱、干旱、半干旱区）或10%~30%（其他气候类型区）	风沙流活动明显或流沙纹理明显可见的沙化土地或植被覆盖度≥10%的风蚀残丘、风蚀劣地及戈壁，或作物生长很差、缺苗率≥30%的沙化耕地
极重度	植被覆盖度<10%的各类沙化土地（不含沙化耕地）	包括植被覆盖度<10%的风蚀残丘、风蚀劣地及戈壁

注：参考李庆，张春来，周娜，等．2018.青藏高原沙漠化土地空间分布及区划.中国沙漠，38(4)：690-700.

青藏高原土地沙化强度空间分异特征显著，整体呈现"西北多东南少"趋势。2015年，青藏高原土地沙化空间分布格局结果显示：土地沙化荒漠/戈壁的区域主要分布在青藏高原北部（新疆维吾尔自治区南部与青海省相接壤的区域、青海省西北部）；土地沙化极重度（高度易起沙尘和极易起沙尘）的区域主要分布在新疆维吾尔自治区南部、西藏自治区的北部和西北部、青海省西北部；土地沙化重度、中度的区域主要分布在西藏自治区的西北部、青海省西北部和中部；土地沙化轻度的区域主要分布在青海省东部；无土地沙化区域主要分布在青藏高原的东南部。

与 2000 年相比，2015 年青藏高原土地沙化总体改善，重度沙化以上面积减少 90.0 km²，减少幅度为 7.2%，土地沙漠化总体遏制，植被防风固沙生态功能显著提升。沙化程度明显减弱的区域主要集中于青藏高原北部、新疆维吾尔自治区，零星分布于西藏自治区中西部。青海省北部沙化等级为荒漠/戈壁的区域面积有所增加，青海省东部、中部、西南部土地沙化程度有所加剧，西藏自治区中部、西部少部分区域土地沙化程度也有所增加。

青藏高原整体呈"气温上升，降水增多"的趋势。热量增加、降水增多对植被恢复和生长有利。与此同时，近年来"保护体系建设""风沙源治理""退耕还草"等一系列生态工程的实施，使得植被覆盖状况明显改善。地表植被覆盖状况的好转为表层提供了防护能力，降低了强风导致沙尘的可能性，对土地沙化问题的好转起到关键作用。

3. 石漠化

青藏高原还面临石漠化问题。喀斯特地貌的土地沙漠化（也被称为石漠化）被定义为土壤侵蚀、岩床暴露及土地生产力退化的过程。青藏高原东南部的云南、四川是我国西南岩溶山区的重要组成部分，西南岩溶山区以贵州为中心，包括贵州大部及广西、云南、四川、重庆等省份的部分地区，截至 2015 年，分布面积约 50 万 km²，因地质环境脆弱性和敏感度高，且面临人口超载和经济社会落后的双重压力，生态环境严重退化，出现了大面积基岩裸露的喀斯特石漠化。使用 RS 与基于 GIS 的多准则评价（MCE）相结合的方法，对分布在青藏高原东南部的云南省西北部、四川省西部等岩溶地区进行了石漠化评估。

2015 年，青藏高原石漠化总面积为 4.2 万 km²，约占青藏高原总面积的 1.6%，主要分布在云南西北地区和四川西部地区。2015 年，青藏高原石漠化仍以轻度石漠化为主，其面积占石漠化总面积的 89.9%，主要分布于青藏高原东部边缘地区、云南西北与四川西南交界的区域、西藏与四川交界区域；中度、重度、极度石漠化区域的占比分别为4.56%、2.77%和2.78%。

2000~2015年，青藏高原石漠化有所改善，极度石漠化区减少91 km^2，轻度石漠化面积略有增加。轻度石漠化面积的增加主要是中度石漠化和极度石漠化改善后转化而来。

从空间变化上看，金沙江两侧石漠化得到明显改善，德钦县和得荣县境内还存在少部分中度及以上石漠化。在整体改善的趋势下，得荣县和香格里拉市交界处还存在恶化的现象。石漠化状况变差多是轻度石漠化向中度石漠化和重度石漠化转化的过程。

4. 外来物种入侵

外来物种入侵风险防范形势较为严峻。西藏外来鱼类的种群数量以及分布区都在持续增长和扩大，对水生生态系统造成较为严重的威胁。有害昆虫和两栖爬行类入侵物种对青藏高原农业和生态安全造成巨大隐患。

人类活动的增强加剧野生动植物栖息地破碎化、外来物种入侵和局部生态系统退化风险。青藏高原地域辽阔且边境线极长，受跨境口岸生物入侵以及因非理性放生、引种、物流等因素引入的外来物种影响，青藏高原本土生物多样性面临丧失的风险，生态屏障受到极大威胁。研究显示，全球重大外来入侵种草地贪夜蛾、福寿螺、红火蚁等已对青藏高原造成巨大危害；并且青藏高原已检测到红耳龟、牛蛙等恶性外来种的分布；一些原本分布在内陆地区的两栖类如黑斑侧褶蛙也随贸易、养殖、放生等途径在西藏拉萨和林芝建立野生繁殖种群。山噪鹛、八哥、红嘴相思鸟及大紫胸鹦鹉等宠物养鸟和宗教放生的外来鸟类物种在西藏寺庙密集地区建立繁殖种群，青藏高原正由生物多样性的"处女地"变为外来入侵生物防控的主战场。

近些年，已经危害西藏的外来生物主要有苹果绵蚜、美洲斑潜蝇、紫茎泽兰（樟木口岸）等。其中，苹果绵蚜属同翅目，瘿绵蚜科昆虫，俗称绵蚜、赤蚜等，原产于美国，在我国属重要入侵生物。苹果绵蚜繁殖快且潜伏性较强，以成蚜、若蚜集群于寄主枝干和根部吸取汁液为主要危害表现，造成苹果减产，严重时甚至出现整株枯死。在西藏，苹果绵蚜于1960年在拉萨罗布林卡首次被发现，20世纪70年代后逐渐被传至林芝；1984年，苹果绵蚜在亚东县、樟木镇也已有发现，有些果园的被害株率甚至高达100%。美洲斑潜蝇主要寄生在葫芦科、豆科、茄科三个科的植物，主要危害黄瓜、丝瓜、菜豆、青椒、番茄、茄子等品种的产量。自1998年在西藏发现美洲斑潜蝇，1999年其在拉萨市郊保护地对瓜类、豆类、芹菜等蔬菜产量造成危害。2003年，戴万安等经多点调查和定点、定期观察，发现拉萨、山南、林芝、日喀则、昌都等蔬菜生产基地均有不同程度的美洲斑潜蝇危害发生。它们春季来势猛，扩展快，危害较严重。紫茎泽兰是一种生命力强、生长迅速、繁殖率极高又难以清除的恶性杂草，它对光照适应范围广，喜温喜湿且又耐旱耐贫瘠，种子细小有冠毛，适于长距离传播。2016~2017年，土艳丽等对紫茎泽兰的分布进行调查，发现仅在西藏自治区吉隆、樟木边境口岸发现，侵入面积约3000 hm^2，尚未造成严重危害，也没有大面积的扩张，但吉隆作为"一带一路"南亚大通道的重要节点，扩建公路和新建铁路都在规划中；樟木口岸也在2019年恢复了货运通道功能，2023年顺利恢复了"双向货通"。如果不积极采取防控措施，从源头控制紫茎泽兰的数量，将来会随着更加便捷的交通路线、大量人员物资的流动被带出到西藏其他地区，有可能造成紫茎泽兰在区内的扩散和蔓延。

鱼类外来入侵的情况更加严峻。截至2020年，青藏高原已有外来鱼类（不包括归化种亚东鲑）35种，鲫在该地区已经成功繁衍建立种群，成为当地数量最多、分布最广的外来鱼类。据估测，其他外来种类如麦穗鱼、泥鳅等也已有建群的趋势。除了藏北内流区和极少数外流河流，西藏大多数外流河中都有外来鱼类的存在，外来种在西藏最低海拔的墨脱（820 m）到高海拔的那曲（4450 m）均有分布。仅雅鲁藏布江中游地区的外来鱼类就已经超过13种，拉萨河中外来鱼类的种类数量和渔获量甚至超过了本地土著鱼类。在青海省境内，虹鳟、大银鱼、亚洲公鱼、鲤、鲫、泥鳅、麦穗鱼等均已建立种群，且遍布黄河水系、长江水系、澜沧江水系、内陆水系黑河、格尔木河、可鲁克湖和托素湖、阿拉克湖。

青藏高原外来物种入侵主要分布在青藏高原东南缘地区，该地区属于世界生物多样性热点地区，生物活动的生境条件较为优越。其南部为喜马拉雅山脉，北部为念青唐古拉山，东部与横断山对接，区内地质地貌复杂多样。由印度洋来的季风性暖湿气流从东南方向沿雅鲁藏布江一路深入，与从西北部高原来的冷空气交汇，形成了丰富的降水和温暖的气候，有利于植物生长发育。

外来物种入侵增加了对青藏高原生态平衡的威胁，风险防范形势非常严峻。青藏高原极其特异的自然条件，恶劣的生态环境，脆弱的生态系统，加之薄弱的农牧业基础，将导致高原土著鱼类保护与渔业可持续发展、粮食安全、生态安全等面临巨大的挑战。

（1）青藏高原土著鱼类面临威胁。从2004年起对拉萨河及雅鲁藏布江的持续监测发现，鲫已经在该地区成功繁衍建立种群，成为当地数量最多、分布最广的外来鱼类，据估测，其他外来种类如麦穗鱼、泥鳅等也已有建群的趋势。麦穗鱼和鲫的入侵，已在世界范围内对生态系统、社会经济造成深远的影响。西藏外来鱼类的种数、种群数量以及分布区都在持续增长和扩大，而与此相对应的是土著鱼类的数量不断下降。外来物种会与土著物种争夺食物资源和生存空间，甚至吞食土著鱼类鱼卵，对当地土著鱼类资源构成严重威胁。高原土著鱼类生长缓慢、资源补充周期长、对生境高度特化和依赖，鱼类种群一旦遭到破坏则难以恢复。

（2）外来入侵性农业病虫害威胁青藏高原农业安全。西藏现代农业中设施蔬菜、大田马铃薯等发展迅速。番茄潜叶蛾已经成为头号危险性入侵害虫，马铃薯晚疫病和三叶草斑潜蝇严重危害马铃薯和温室、大田蔬菜。林果业是西藏自治区农林经济发展的新方向，苹果绵蚜和桃树细菌性穿孔病造成的经济损失巨大，瓜类作物上2种检疫性病害——细菌性果斑病和黄瓜绿斑驳花叶病毒病已对林果业造成了严重危害，果斑病每年给我国瓜果产业及瓜种子产业造成的损失大约1.4亿元。2017年，库尔勒地区的香梨因该病害的暴发流行，果树体量损失了20%，结果能力下降了30%。当前形势仍然很严峻，病害持续在扩张，极有可能传入内地造成更大的危害。

（3）外来两栖动物牛蛙和红耳龟的入侵将带来灾难性的生态后果。牛蛙和红耳龟是全球最恶性的外来种，它们的全球引种和入侵已导致数十种两栖动物的种群数量下降和物种绝灭，也是导致两栖动物壶菌病全球传播和暴发的重要因素，该病已造成全球超过200种两栖动物下降和灭绝。红耳龟在争夺食物和栖息场所方面比当地龟有显著优势，其与当地龟的杂交现象也非常普遍，已对入侵区当地龟类物种多样性的遗传资源产生严重污染，同时，红耳龟还是沙门氏杆菌传播的罪魁祸首。

随着青藏高原气候变暖与人类活动加剧，一方面，区域气候变暖会对当地的生态系统造成一定的影响，为外来物种入侵提供更大的机会；另一方面，气候变暖会加强西风带对高原的影响，加上人类活动加剧，青藏沿线和边境口岸地区人员来往密集，外来入侵物种通过自然或者人为途径的入侵也会变得更加容易。这两方面的原因相叠加，必然会造成青藏高原生物入侵加剧。

而针对外来入侵生物学的研究在青藏高原才刚刚起步，入侵物种基础数据信息严重匮乏，还需要继续摸清本底，开展入侵机制与传播扩散途径研究，构建风险评估和防疫体系，进一步进行监测、预警和防治研究，生态修复技术研究等科研工作还需要持续的支持和投入，为高原生态安全与生物安全的相关决策提供数据积累和科技支撑。

第二节　青藏高原生态系统保护修复的重大科技需求

以生物圈完整性为核心，面向可持续发展目标，研究自然因素与人类活动对生态过程、生态系统完整性的影响；注重生态修复机理－过程和自然－社会关键要素的结合，强调多学科交叉融合；由单纯的物种筛选和人工恢复向复杂多样群落的构建发展；由生态系统结构修复为主向提升生态系统功能和服务协同恢复发展，加强生态产品及其价值实现；由持续的人工投入管理向生态系统的自我调控及自然保育发展；由单一生态系统恢复向流域整体性恢复发展。

一、高寒生态系统适应性管理模式

以生态系统原真性和完整性为目标，基于青藏高原自然生态过程与社会生产生活相结合的特点，开展放牧生态系统可持续和适应性管理研究，厘清放牧这一青藏高原高寒生态系统最主要的干扰因素与生态系统其他要素之间的相互关系和结合点。很多研究表明，随着放牧强度的增加，物种丰富度表现为单峰变化（即适度放牧最大），当放牧强度处于中等水平（轻度或中度）时，物种丰富度较高，地上生物量最大，生态系统处于稳定状态；但当放牧强度处于重度或过度水平时，物种丰富度较低，大部分物种丧失，地上生物量降低，出现草地退化。因此，为了保护高寒草地，依据物种丰富度与地上生物量的关系，物种丰富度应该保持在较高水平，提倡遵循适度（轻度或中度）放牧、"去半留半"放牧原则，因地制宜地实施以返青期和结实期休牧、天然草场季节优化配置为核心的天然草地合理放牧技术体系，以及区域草畜资源耦合为一体的高寒草地生态系统适用性管理（赵亮等，2020）。

二、高寒退化生态系统近自然恢复

退化生态系统的恢复和重建是科技支撑青藏高原生态屏障区建设的重要内容。传统的生态修复方法总体包含两类：①封育受损生态系统，去除人为干扰，进而依靠自然演替实现恢复，如封山育林、禁牧休牧等措施；②筛选特定的恢复物种，进行人工植被的构建，完全取代原生植被，如人工林和人工草地建设与荒漠化治理等。上述方法虽然能够在一定程度上实现受损退化生态系统的恢复，但是要么周期特别长（如封育），要么恢复生态系统稳定性差，容易出现再次退化的风险（如人工植被）。此外，该方法还存在恢复植被群落结构单一、人工管理需求高、生态系统服务功能不协调、治理区域分散等缺点，因此亟须发展和完善基于自然解决方案（Nature-based Solution，NbS）的退化生态系统恢复体系。

开展生态系统近自然恢复，需要统筹考虑生态系统从土壤、植物、动物到微生物等多营养级，从土壤理化性质和土壤微生物的恢复、乡土草种的选育、适宜播种技术的开发以及后期管护措施的匹配等方面进行整合设计，在流域尺度上，选择易退化区开展早期干预，对已退化区进行人工辅助的自然恢复，实现由单纯的物种筛选和人工恢复向复杂多样群落的构建发展，由生态系统结构修复为主向提升生态系统功能和服务协同恢复发展，由持续的人工干预管理向生态系统的自我调控及自然保育发展，由局部生态系统恢复向流域整体性恢复发展。

三、山水林田湖草沙冰综合治理

传统的生态治理缺乏不同类型退化生态系统的协同治理技术和模式。山水林田湖草沙冰是一个生命共同体，单独开展任何一个类型的恢复都无法实现生命共同体的整体恢复，只有开展综合协同治理，才能实现高寒生态系统的持续健康，维系生态屏障功能，实现持续利用和保护青藏高原生态环境的目的。基于资源环境承载力，构建绿色发展指标及预警体系，研发绿色发展的技术体系，集成自然保护地建设与农牧业协调发展、自然-社会经济系统可持续管理与绿色发展方面的创新模式；研发基于系统耦合理论的生态资源空间优化配置技术，评价其生态效益、经济效益，实现区域不同生态功能区的系统耦合；基于生态位理论气候资源的野生动物与放牧家畜分布区域的划分技术，合理发挥核心保育区、一般管控区、外围支撑区的生态、生产、生活功能；研发并推广放牧家畜营养平衡饲养技术及高效出栏技术和区域适宜模式，提高野生动物生存空间，增加野生动物栖息地食物资源，并实施国家公园食草野生动物与家畜平衡管理示范工程。

四、资源可持续利用和生物-生态安全

基于全基因组数据和生物信息学分析，挖掘高原生物适应低氧、寒冷、强紫外、营养胁迫等极端环境的基因资源，建立高原物种基因库，搭建体细胞和组织保存库；深度挖掘有蹄类动物适应青藏高原极端环境的基因资源，解析适应相关基因功能和作用机理，探索高原特殊物种基

因资源利用途径，服务于高原医学、人口健康及农牧业生产；以有蹄类动物为突破口，研究肠道微生物与宿主协同进化，突破肠道微生物培养、分离，探索以微生物分解纤维为目标的工业化利用途径，实现高原生物资源高值利用新突破。

开展高原特色农牧作物多样性水平系统评估和种质资源的精准鉴定，重点解决燕麦草高产性能、苜蓿高海拔越冬性、垂穗披碱草植物的从头驯化等高原农牧作物育种瓶颈性、基础性问题，探索建立"生物技术＋大数据＋人工智能"作物精准智能育种技术体系。

对藏茵陈、羌活、桃儿七等药材开展野生抚育、人工栽培及组织快繁等研究，提升药材种质及资源量；研究川西獐牙菜、唐古特虎耳草等药效物质基础、药效活性、作用机理及剂型升级改造，研发治疗肝胆疾病、糖尿病等创新药物；研发冬虫夏草等珍稀名贵汉藏药材产业升级的关键核心技术，提出特色汉藏药材资源可持续、绿色发展对策。

基于青藏高原草地中毒害草泛滥、危害畜群和草场质量低等现状，查清主要毒害草的种类（如狼毒、棘豆、橐吾、甘肃马先蒿等）、分布范围、数量、危害状况及其生物学特性（如发育规律、生活习性、传播途径等）；针对主要毒杂草提出综合防治技术，并对防治剂进行环境影响评价，为青藏高原生物安全和毒害草入侵防治工作提供必要的可靠依据和技术支撑。

开展青藏高原主要珍稀濒危和特有优势物种、外来物种的种群动态和分布区域变迁、从技术到政策的重大疫情监测等系列问题研究。对迁徙动物的迁徙路线、规模、时空配置、人畜共患疾病及其重大疫情病原体携带状况进行监测；提出人畜共患重大疫情监测、预警策略和方案。另外，重点防治已在青藏高原造成巨大危害的草地贪夜蛾、福寿螺、红火蚁等外来入侵种也是确保生态屏障区生物安全的重要内容。

五、高寒生态衍生产业培育及生态产品价值实现

以青藏高原生物资源及可再生能源为研究对象,在保证生态保护的前提下,提升生产功能,构建区域生态衍生产业体系、生产功能提升技术及模式;重点研发智慧生态畜牧业技术体系与集成,并建立区域智慧草地生态畜牧业信息管理平台、有机畜产品生产–加工–流通–冷链的技术体系和规范化生产与生产模式;紧紧围绕青藏高原品种培优、品质提升、品牌打造和标准化生产,加快转变农牧业发展方式,做优做强绿色有机农牧产业,增加绿色有机地理标志农畜产品有效供给。

研究人工群落配置和饲草产品生产加工利用技术基地建设,培育区域草产业;研发植物类中藏药野生抚育和《中药材生产质量管理规范》(GAP)规范化种植技术体系,实现其持续利用;研发可再生能源利用的新用能体系,保持生态系统养分的良性循环;依托高原独特的民族文化特色,及其独特的地形地貌和自然生态景观,开发环境友好型生态旅游业,建立区域生态衍生产业信息管理平台;培育区域有机畜产品、草牧业、汉藏药材和生态旅游产业,结合生态绿色城镇、牧业合作社建设及重大生态工程,在相关区域进行技术集成和模式推广,实现生态保护与产业发展的共赢。

设立循环经济产业园,实施特色生物等产业、高原生物制品、中药(含藏药)、藏毯绒纺等产业的集约化生产加工,实现质量和效益不断提高、产业链条不断延伸、基础设施不断完善,起到示范带动作用;加快产业结构优化升级,大力发展清洁能源、旅游、文化、特色食品、天然饮用水以及交通运输、商贸物流、金融、信息服务等绿色低碳经济,带动生态产品产业的发展和价值实现;着力发展特色农牧业,培育绿色、有机农畜产品品牌,建设生态农牧业试验区,打造粮油种植、畜禽养殖、

果品蔬菜和枸杞沙棘产业，实施青藏高原地区青稞基地及产业化工程和高原优质油菜、高原中药材（含藏药材）、花椒、森林蔬菜基地建设；利用青藏高原独特的自然与人文景观，在生态保护第一的前提下，发展生态旅游业，带动餐饮、住宿、交通、文化娱乐等产业的发展，促进文化遗产保护、传统手艺传承和特色产品开发。

开展生态产品价值核算和实现机制研究，构建物质产品、调节服务和文化服务价值的核算指标体系，提出不同类型自然保护地生态产品价值的实现路径，构建与生态产品价值实现相适应的制度政策体系。

第三节　青藏高原生态系统保护修复的战略重点

青藏高原生态保护与修复的总体发展思路应从高寒生态系统的科学价值和服务功能着眼，统筹经济发展与高寒生态环境保护，以增强自然生态系统稳定性、提升生态系统服务功能、提高生态环境质量、维护生态安全为目标，对接国家战略顶层设计，通过多要素、多过程、多尺度整合及多学科融合，以跨越领域和学科的视角，开辟高寒生态新领域、提出新理论，取得开创性研究成果。同时，建立更加完善的生态保护和修复标准体系，促进理论研究与工程实践的有机接轨，健全科技服务平台和服务体系，加强培育生态保护和修复产业，探索具有高原特色的综合生态系统管理模式，实现人与自然和谐共生。针对一些重要的研究方向，下文将进行详述。

一、高寒生态基础理论及其与气候学、水文学的交叉研究

（一）高寒生态学基础理论研究

青藏高原是高寒、干旱等特征共存的特殊环境区，是地球上非常独特的"寒""旱""高"极，发育着诸多特殊的景观类型和生态系统，如高寒草地、高寒荒漠、多年冻土等，造就了多种多样的生态过渡带和独特丰富的生物多样性资源。受青藏高原严酷气候条件的影响，处于脆弱地表系统平衡条件下的环境因子常常处于临界状态，生态系统极其敏感脆弱。在全球气候变化的背景下，高寒生态系统的格局、过程与功能正在发生深刻的改变。深入开展青藏高原高寒生态学基础理论的研究，不仅有利于加深对高寒生态系统维持机制的认识，还可以为区域生态保护和修复提供理论基础，促进社会经济可持续发展。

该方向包括如下重要研究内容：①高寒生态系统结构与功能的维持机制，包括高寒生态系统多营养级级联效应、演化机制，生物多样性多尺度格局及维稳机制等。②高寒生态系统物质循环与能量流动，包括生态系统碳循环关键过程的生物和非生物驱动机制，氮磷等养分循环的关键驱动因子和生理生态机理，高寒生态系统碳－氮－水耦合机制和生态效应。③全球变化和人类活动背景下高寒生态系统的响应和适应研究，包括高寒生态系统对全球变化响应和适应的过程与机理、人类活动对高原生态环境的影响、未来生态系统服务功能的动态变化等。

（二）高寒生态水文研究

生态系统通过植物蒸腾作用和地表蒸发过程参与区域水循环的同时，调节区域地表及地下水文过程，如涵养水源、保持水土、净化水质和调蓄洪水等。青藏高原因独特的气候特征、冻融过程、冰川活动等因素的影响，其区域生态水文循环特征与其他地区有明显的差异。例如，多年

冻土冻融过程不仅是特色冻土植被的塑造者，还可能通过改变地表或者地下径流影响整个生态系统的演替走向。在气候变化和人类活动双重影响加剧的背景下，青藏高原的冰川退缩加剧、冻土融化显著，与此相关的土地退化、水土流失、生物多样性丧失等问题日趋严峻。因此，加强高寒生态过程与水文过程的协调研究，对于增强区域气候变化应对能力、开展针对性的生态保护和修复工作尤为重要。

该方向包括如下重要研究内容：①多尺度高寒生态水文过程观测与机理分析，包括高寒植物个体尺度水分吸收、传导和散失过程观测与机理分析；生态系统尺度碳氮循环等过程与水分循环之间的联系，以及高寒植被水分利用效率对气候变化和大气 CO_2 浓度上升的动态响应机理；区域尺度生态过程变化的水文效应及远程效应等。②高寒生态水文界面的过程耦合及模拟，包括生态系统物质和能量流动与水文过程的耦合及模拟，如高寒草甸和高寒灌丛等的冠层降水截留过程、土壤水文特征、根区水分分配、蒸散发特征以及降水的产流效应等机理过程与模型模拟；高寒生态水文过程耦合的尺度效应等。③区域生态－水文－人文系统耦合机制与可持续发展路径，包括人－水－生态关系演变趋势及驱动机制，区域生态－水文－人文系统耦合大数据平台建设，生态－水文－人文耦合系统动态综合评价模型，区域生态安全、水安全预警决策系统等。

（三）高寒生态气候研究

青藏高原生态系统在显著响应该区域气候变化的同时，气候变化导致的青藏高原生态系统的变化亦将通过生物物理（如改变地表能量和水分平衡过程）或生物化学过程（如光合作用吸收大气 CO_2）对气候变化产生反馈作用。例如，近几十年高原植被覆盖度增加显著促进了蒸腾作用，进而在局地尺度上产生降温效应。这意味着青藏高原植被活动增强对气候变暖具有负向的调节作用，有助于减缓当地气候变暖。近年来，多尺度综合联网观测、卫星遥感观测、控制实验与模拟实验、生态系统过程模型以及大尺度环流模型等新的研究方法和工具的应用，在一定程度上揭示了青藏高原生态系统对气候变化的反馈过程和机制，但仍存在很多研究空白。此外，我国实施的退牧还草、人工建植、围栏封育、水土保持等高寒生态保护与修复治理工程使得高原的植被覆盖面积增加明显，准确认识生态保护和修复工程的气候效应也可以为国家制定行之有效的气候变化应对措施提供科学依据。

该方向包括如下重要研究内容：①青藏高原植被变化通过生物物理过程反馈气候变化的途径、大小和机制。②青藏高原植被变化–气候变化之间的生物化学互馈关系，包括气候变化对植被固碳过程的影响及植被变化的气候效应等。③生态保护与修复工程的局地气候效应和远程效应，包括植被覆盖度和生产力增加的降温效应及其对下游地区气候（如对我国东部夏季降水）的影响等。

二、青藏高原高寒区域特色研究

（一）青藏高原生物区系起源、演变及其系统发育多样性

青藏高原独特的地质–地理–生态单元孕育了独特的种子库、生态系统和生物区系，是全球生物多样性研究的中心，在世界生物多样性格局中占有重要的地位。在全球气候变化和人类活动加剧的背景下，青藏高原的生态系统面临严重的退化，部分区域生物多样性的丧失已经威胁到该区域生态系统功能的持续，影响区域生态安全和社会经济的发展。因此，正确认识青藏高原生物区系的起源、演变及其系统发育多样性，对于开展青藏高原生态保护、保障青藏高原生态安全具有重要意义。

该方向包括如下重要研究内容：①高原古生物学的研究，包括不同类型生物（如植物、哺乳动物等）的多样性形成与演化，及其分布区形成和演变的整个过程。②青藏高原特殊环境中植物多样性的起源和进化机制，包括青藏高原代表类群的进化模式、多样性形成机制及进化速率，极端环境下物种适应机制及其繁殖生物学特征。③青藏高原生物多样性的演变过程对现代生物多样性形成和演变的影响等。

（二）青藏高原冰冻圈生态系统的格局和关键过程研究

青藏高原是南北极以外最大的冰雪储存库。与高纬度地区一样，青藏高原对气候变化的响应异常敏感、脆弱。气候变暖会通过温度、水汽、冰雪反照率、辐射量等变化使高寒生态系统各要素的冰量总体处于亏损状态，引发物质与能量循环的改变，并导致各类生态系统的组成结构、分布格局等产生异变。随着人类社会可持续发展对高寒生态系统依赖程度的不断增强，亟须探索变化环境下高寒区域冰冻圈生态系统格局和关键过程的敏感性、脆弱性以及生态系统服务功能的可持续性。

该方向包括如下重要研究内容：①高寒生态系统冰川、冻土和积雪分布、变化趋势及物理特征研究，包括冰川、冻土和积雪的时空分布变化，冰川动力学和热力学，冻土水－热－力－盐四场耦合作用机制，积雪的能量和质量迁移模式等。②冰川、冻土的生物地球化学过程及相关微生物的代谢过程，包括碳库和氮库的量化、源汇动态变化及驱动机制，碳、氮、磷、硫、汞等多元素生物地球化学循环（耦合作用）机理等。③冰冻圈－其他圈层相互作用关系与机理，包括冰川、冻土和积雪变化引起的江河径流、湖库面积－容积变化对淡水生态系统的影响及其与沿岸陆地和海洋生态系统的级联效应等。④高寒生态系统的生态服务与生态安全，包括高寒生态系统服务对冰冻圈变化的响应，高寒生态系统生态安全维护管理和保育模式等。

(三)青藏高原国家生态安全屏障保护与建设研究

青藏高原对我国乃至亚洲生态安全具有重要的屏障作用。在气候变化和人类活动的综合影响下，青藏高原呈现出生态系统稳定性降低、资源环境压力增大等问题，突出表现为冰川退缩显著、土地退化形势严峻、水土流失加剧、生物多样性丧失威胁加大、自然灾害增多等。这些问题严重影响了青藏高原区域生态安全屏障功能的发挥。针对当前高原生态安全状况，在总结相关研究成果和生态建设实践经验的基础上，迫切需要加强青藏高原国家生态安全屏障保护与建设的相关研究，以系统提升国家生态安全屏障的总体功能，在应对全球变化中占据主动地位。

该方向包括如下重要研究内容：①高原植被恢复与修复工程评估及优化对策，包括植被恢复与修复工程对区域物种多样性、土壤理化性质、生态系统物质和能量循环等的影响，植被恢复与修复工程对高原生态系统结构完整性和功能稳定性的影响等。②气候变化对青藏高原生态安全屏障作用的影响，包括区域生态安全变化幅度与调控机制，气候变化引起的区域风险类型、强度及其时空格局，高原特殊地表过程变化及其对生态屏障功能的影响等。③高原生态安全屏障保护与建设成效评估，包括生态建设和环境保护效应评估的评价模型与指标体系，重大生态与环境保护措施对区域生态与环境质量和社会经济发展的影响，应对气候变化以提升生态安全屏障总体功能的管理途径等。

三、与其他学科的交叉研究

(一)与灾害学的交叉研究

气候变暖导致青藏高原地区灾害的发生频率和强度越来越高，使得高寒生态系统以及经济社会的可持续发展面临严峻挑战。随着技术、方法的提升和对防灾减灾的关注，冰冻圈灾害学得到了前所未有的快速发展，研究的深度和广度都有不同程度的提升。冰冻圈灾害学兼具理学、工学与社会科学三重属性，旨在达到降低灾害风险、减轻灾害损失、增强高寒生态系统恢复力和实现高寒生态系统可持续发展的最终目的。

该方向包括如下重要研究内容：①成灾机理的认识，包括各类灾害乃至灾害链的形成与演化过程、空间分异规律、成灾机理等。②多灾种风险评估和灾后恢复研究，包括不同灾种的影响范围、影响程度，灾害综合风险评估体系建设、灾害相关性、时空变化、耦合性质，承灾区脆弱性和适应性，灾害预防与应急体系，备灾和重建等灾后恢复系统研究等。

（二）与工程学的交叉研究

高寒生态系统与气候变化、人类工程活动和社会经济发展具有极为密切的关系，高寒生态系统变化及其引发的灾害使高寒区工程建设、安全运营和服役功能面临巨大的挑战。解决重大工程安全保障技术和灾害防治技术，以最大限度地减缓高寒生态系统变化对工程构筑物的影响，对于青藏高原区域及我国经济社会发展均具有深远意义。

该方向包括如下重要研究内容：①高寒生态系统各要素与重大工程构筑物关系，包括冻土工程研究、冰川与积雪工程研究、河湖库冰工程研究，以及工程诱发的次生灾害的防治技术等。②气候变化背景下工程服役性评价，包括探究公共基础设施和环境压力之间的关系、基础设施的寿命及工程的运营和维护成本。③"一带一路"互联互通中的主要工程问题，包括冻土工程特性、地基和路基稳定性，以及生态环境问题。

(三) 与人文社会学的交叉研究

高寒生态系统与人类社会息息相关，能够为人类社会带来直接或间接的、物质性或非物质性的惠益（如调节气候、提供淡水资源等），也给人类社会带来诸多负面影响（如山洪、冰川泥石流、雪崩/冰崩等）。随着全球气候和冰冻圈变化加剧，高寒生态系统对人类社会的致灾和致利效应均在发生深刻的变化：一方面，高寒生态系统灾害以频发的极端事件加剧呈现；另一方面，高寒生态系统服务能力不断减弱。高寒生态系统－冰冻圈－人文社会学的统筹协调旨在尽可能找到风险最小化、服务最大化和最优化，以及区域社会－生态系统适应、恢复和转型的路径，从而为冰冻圈的可持续发展决策提供依据。

该方向包括如下重要研究内容：①高寒生态系统服务价值估算，包括供给、调节、文化和支持四大服务的使用价值和非使用价值评估等。②高寒生态系统与区域脆弱性的动态关联，区域社会－生态系统耦合动态及演化信息等。③面向社会－生态耦合系统弹性提升的管理研究，包括社会－生态系统的现状和构成，各个关键因子之间的变化与联系、发展态势及扰动因素，社会－生态系统的弹性管理途径等。

第五章

青藏高原生态屏障区生物多样性保护

青藏高原生态屏障区南起喜马拉雅山脉南缘，与印度、尼泊尔、不丹毗邻；北至昆仑山、阿尔金山和祁连山北缘，以4000m左右的高差与亚洲中部干旱荒漠区的塔里木盆地及河西走廊相连；西部为帕米尔高原和喀喇昆仑山，与吉尔吉斯斯坦、塔吉克斯坦、阿富汗、巴基斯坦和克什米尔地区接壤；东部以玉龙雪山、大雪山、夹金山、邛崃山及岷山的南麓或东麓为界；东及东北部与秦岭西段和黄土高原相衔接（张镱锂等，2002）。青藏高原在行政区划上包括6个省份、201个县（市），即西藏自治区（错那、墨脱和察隅三地仅部分地区）和青海省（部分县仅含局部地区），云南省西北部迪庆藏族自治州，四川省西部甘孜藏族自治州和阿坝藏族羌族自治州、木里藏族自治县，甘肃省的甘南藏族自治州、天祝藏族自治县、肃北蒙古族自治县、阿克塞哈萨克族自治县以及新疆维吾尔自治区南缘巴音郭楞蒙古族自治州、和田地区、喀什地区及克孜勒苏柯尔克孜自治州等的部分地区。

生物多样性是人类生存和发展的基础，保护生物多样性有助于维护地球家园，促进人类可持续发展。青藏高原生态屏障区有三江源草原草甸湿地、若尔盖草原湿地、甘南黄河重要水源补给、祁连山冰川与水源涵养、阿尔金草原荒漠化防治、藏西北羌塘高原荒漠、藏东南高原边缘森林7个国家重点生态功能区，要全面保护草原、河湖、湿地、冰川、荒漠等生态系统，提升高原生态系统结构完整性和功能稳定性。加快建立健全以国家公园为主体的自然保护地体系，加强对原生地带性植被、特有珍稀物种及其栖息地的保护，促进区域野生动植物种群恢复，对于维系高原生态系统服务功能、促进绿色发展、建设美丽的青藏高原以及实现人与自然和谐发展具有十分重要的意义。

第一节　青藏高原生物多样性保护的基本情况

一、自然地理特征

青藏高原被誉为"世界屋脊"和地球"第三极",是世界上海拔最高、最年轻的高原;地势总体自西北向东南倾斜,山脉绵延、地形复杂,高原内部具有明显的高程差异,高原面起伏和缓;地形地貌复杂多样,地貌格局是边缘高山环绕、峡谷深切,内部由高耸的山脉、辽阔的高原面、星罗棋布的湖泊和众多的水系等组合而成。

根据《青藏高原生态屏障区生态保护和修复重大工程建设规划（2021—2035年）》,高原气候的特点之一是寒冷且昼夜温差大。由于海拔高、空气稀薄等,青藏高原是地球上同纬度最寒冷的地区,年均气温仅 1.37 ℃。青藏高原是全国太阳辐射的高值区,年太阳总辐射达 $5400\sim8000\ MJ/m^2$。受西南季风、东南季风和西风环流的影响,干湿季分明,降水量空间分布极不均匀,年降水量 $20\sim4500\ mm$,自东南向西北逐渐减少。

青藏高原的成土条件和土壤类型多种多样,主要包括高寒草甸土、高山草原土、高山寒漠土和亚高山草甸土等土壤类型,且具有明显的高原三向地带性特征（即纬度地带性、经度地带性和垂直地带性）。土壤发育仍处于新的成土过程中,地表物质迁移频繁,土壤发生层不稳定,具有成土层薄、层次简单、粗骨性强、风化程度低、水分不足、抗蚀能力弱、耕作层富钾缺氮少磷等特点。

二、生物多样性的基本特征

青藏高原生态屏障区系统全面的生物调查始于 20 世纪 50 年代的一系列科学考察，基于科学考察的系统研究，先后出版了《西藏植被》《西藏森林》《西藏植物志》《青海植物志》《西藏真菌》《西藏地衣》《西藏哺乳类》《西藏两栖爬行动物》《西藏昆虫》等系列专著，为全面认识青藏高原生物多样性特征奠定了重要基础，其主要特征如下。

（一）生态系统复杂多样但脆弱

青藏高原生态屏障区包括亚洲乃至全球最复杂的山地系统，分布有森林、灌丛、高寒草原、高寒草甸和荒漠等多种陆地生态系统，还相间了湖泊和沼泽等湿地生态系统，构成了丰富的生态系统多样性和景观多样性。2020 年，青藏高原我国境内的草地生态系统约占高原我国境内总面积的 55.49%，荒漠与裸地占 19.41%，灌丛占 7.57%，农田占 2.08%，城镇占 0.25%，森林占 8.60%。青藏高原分布了我国少有的原始林区，原始森林和天然次生林占森林面积的 96% 以上（傅伯杰等，2021）。

青藏高原生态屏障区的植被从东南到西北随自然条件的水平垂直及坡向变化，依次分布有常绿雨林、半常绿雨林、亚热带常绿阔叶林、针阔混交林、针叶林、高山灌丛、高寒草甸、高寒草原、高寒荒漠和高山冰缘植被，立体丰富的植被类型，呈现明显的三度空间变化。

（二）物种多样性丰富且特有类群占比高

青藏高原生态屏障区有维管植物 14 634 种，约占中国维管植物的 45.8%（傅伯杰等，2021），以温带植物为主，多样性格局呈现从高原东南部向西北部逐渐递减的趋势，东喜马拉雅—横断山的物种多样性最为丰富，多数物种分布在高原的中海拔地带。在植物区系区划上，青藏高原包括东亚植物区的中国-喜马拉雅植物和青藏高原植物两个亚区，以及古热带植物区的东喜马拉雅南翼地区，区系成分复杂，联系广泛。

青藏高原生态屏障区有脊椎动物 1763 种，约占我国陆生脊椎动物和淡水鱼类的 40.5%（傅伯杰等，2021）。根据全国第二次陆生野生动物资源调查结果，西藏有陆生野生脊椎动物 1072 种，其中，哺乳动物 197 种、鸟类 700 种、爬行动物 107 种、两栖动物 68 种。大中型野生动物种群数量居全国前列。藏羚羊、黑颈鹤和野牦牛数量均占世界上整个种群数量的 80% 左右。喜马拉雅山脉和横断山有滇金丝猴、小熊猫、白马鸡、藏马鸡以及西藏温泉蛇、拉萨岩蜥、西藏山溪鲵、察隅棘蛙、墨脱棘蛙、康定湍蛙、贡山树蟾、林芝齿突蟾、横口裂腹鱼、西藏高原鳅等特有物种。

（三）珍稀濒危物种数量众多，具有全球保护价值

根据生物多样性的丰富程度和独特性，全球有 36 个区域被公认为全球生物多样性的热点区，青藏高原生态屏障区占据 2 个，即中国西南山地（Mountain of Southwest China）和东喜马拉雅（East Himalaya）。2015 年 12 月，环境保护部发布《中国生物多样性保护优先区域范围》的公告，青藏高原生态屏障区有祁连山生物多样性保护优先区域、羌塘-三江源生物多样性保护优先区域、喜马拉雅东南部生物多样性保护优先区域、横断山南段生物多样性保护优先区域以及岷山-横断山北段生物多样性保护优先区域，是"高寒生物种质资源宝库"。祁连山生物多样性保护优先区域的面积为 100 463 km^2，包括 5 个国家级自然保护区，主要保护河源湿地、祁连圆柏林、青海云杉林等生态系统以及双峰驼、雪豹、盘羊、普氏原羚等重要物种及其栖息地。羌塘-三江源生物多样性保护优先区域的面积为 770 777 km^2，包括 9 个国家级自然保护区，主要保护高寒草甸、湿地生态系统以及藏野驴、野牦牛、藏羚、藏原羚等重要物种及其栖息地。喜马拉雅东南部生物多样性保护优先区域的面积为208 551 km²，包括4个国家级自然保护区，主要保护川滇高山栎林和乔松林等重要生态系统，以及巨柏、棕尾虹雉、孟加拉虎、叶猴类、豹类、麝类等重要物种及其栖息地。横断山南段生物多样性保护优先区域的面积为133 656 km²，包括14个国家级自然保护区，主要保护川西云杉林、高山松林等生态系统以及大熊猫、滇金丝猴等重要物种及其栖息地。岷山－横断山北段生物多样性保护优先区域的面积为83 190 km²，包括15个国家级自然保护区，主要保护紫果云杉林等生态系统以及川金丝猴、野牦牛等重要物种及其栖息地。

依据世界自然保护联盟（IUCN）红色名录的标准，青藏高原维管植物中有662种受威胁物种和灭绝物种，约占中国维管植物受威胁物种和灭绝物种的1/5。脊椎动物中有169种为受威胁物种，占青藏高原所有脊椎动物物种数的9.58%。2021年2月，国家林业和草原局、农业农村部发布调整后的《国家重点保护野生动物名录》，共列入野生动物980种和8类，其中国家一级保护野生动物234种和1类、国家二级保护野生动物746种和7类，其中223种在西藏有分布，包括穿山甲等60种哺乳类、黄喉雉鹑等148种鸟类、西藏温泉蛇等3种爬行类、无斑山溪鲵等2种两栖类、黑斑原鮡等6种鱼类，以及金裳凤蝶等4种昆虫类。

三、生物多样性保护及其成效

（一）生物多样性保护纳入国家和地方政府的规划与计划

2021年12月，国家发展和改革委员会、自然资源部、水利部、国家林业和草原局四部门印发《青藏高原生态屏障区生态保护和修复重大工程建设规划（2021—2035年）》，该规划明确提出要实施澜沧江源生物多样性保护一系列项目，在澜沧江源、白扎林场等生物多样性保护关键区实施栖息地保护恢复、野生动物廊道建设等工程，保障物种迁徙，恢复和维持重要斑块间的连通性；加强祁连山地区雪豹等重要物种栖息地的保护和恢复，连通生态廊道；扭转若尔盖地区珍稀野生动植物栖息地缩减和破碎化趋势；通过生境重建、生境连通等措施，改善和扩展阿尔金山地区濒危野生动物栖息地，实施藏东南森林垂直带生态保护等。

2021年1月，西藏自治区通过《西藏自治区国家生态文明高地建设条例》提出："推进建立以国家公园为主体、自然保护区为基础、各类自然公园为补充的自然保护地体系""推动地球第三极国家公园建设"；"开展生物多样性研究与保护工作，开展动植物资源调查研究，保护青藏高原特有珍稀物种和种质、基因资源，防范和治理外来物种入侵"；"应当加强对野生动物的保护和疫源疫病监测防控，全面禁止非法野生动物交易，禁止滥食野生动物，完善野生动物肇事损害补偿机制"。2021年11月，青海省发布《青海省"十四五"生态文明建设规划》，明确提出："全面推进国家公园建设""加快构建自然保护地体系""协调推动青藏高原国家公园群建设"；"加快构建生物多样性保护网络""着力推进珍稀濒危物种保护恢复""扎实做好生物安全防范"。

（二）实施系列重大工程，协同推进生物多样性保护

近年来，我国在青藏高原实施了防护林、防沙治沙、退耕还林（草）、退牧还草、天然林资源保护、自然保护区建设、湿地保护与恢复和野生动植物保护等重点工程项目。"十三五"期间，西藏全区投入生态保护建设资金202.30亿元，是"十二五"时期的2.09倍，重点开展造林绿化、退化湿地保护修复、自然保护区基础设施建设、天然林保护、草原生态修复综合治理、防沙治沙、森林生态效益补偿、野生动植物保护等工程项目。深入实施《西藏生态安全屏障保护与建设规划（2008—2030年）》，截至2022年累计投入约127亿元。根据第九次全国森林

资源连续清查结果，西藏全区林地面积为1798.19万hm²，森林面积为1490.99万hm²，森林蓄积量22.83亿m³，森林覆盖率12.14%。与第八次全国森林资源连续清查结果相比，全区森林面积净增19万hm²，森林蓄积量净增2047万m³，森林覆盖率提高了0.16个百分点，森林面积和蓄积再次实现"双增"。根据西藏自治区第二次全国土地调查结果，全区天然草原面积13.34亿亩①，可利用草原面积11.29亿亩，截至2020年底，全区草原植被综合覆盖度为47.14%。全区草原得到全面有效保护，草原质量不断提高。根据第二次全国湿地资源调查结果，全区现有各类湿地总面积为652.90万hm²，湿地面积居全国第二，占全区总面积的5.3%，占全国湿地面积的12.18%，共有河流湿地、湖泊湿地、沼泽湿地和人工湿地4类17种，是我国湿地类型齐全、数量最为丰富的地区之一。与全国第一次湿地资源调查结果相比，全区湿地资源增加52.42万hm²，增加8.7%，湿地资源得到有效保护。

（三）珍稀濒危生物物种数量不断增加，保护成效明显

随着保护力度的不断加大，野生动植物保护成效逐渐显现，截至2020年底，西藏在全国第二次陆生野生动物资源调查期间，已正式发布新物种5个、中国新记录物种5个、西藏自治区新记录物种23个。绝大多数保护物种种群数量恢复性增长明显，藏羚羊种群数由20世纪末的7万只，截至2021年已超过30万只；藏野驴由2021年的5万只左右增加至现在的约9万只；野牦牛种群数量由20世纪末的几千头，到2021年已达到2万余头；黑颈鹤数量从20世纪末的不足2000只，到2021年已过万余只；滇金丝猴由20世纪末西藏记录的不足600只，2021年已达到800余只；曾被国际社会认为已经灭绝的西藏马鹿，发现时仅有

---

① 1亩≈666.67 m²。

200余头，2021年有800余头。雪豹、盘羊、岩羊等野生动物恢复性增长明显，野生植物生境、野生动物栖息地基本保持原生自然状态。

（四）三江源国家公园和自然保护地建设取得重要进展

国家公园是多种自然生态系统的集成，整合了原有的各级各类自然保护地，对区域内的山水林田湖草沙冰实行统一管理、整体保护和系统修复，促进野生动植物栖息地斑块间的融合，增强了自然生态系统的完整性和原真性保护。三江源有野生维管束植物2200余种、种子植物50科832种，其中有国家重点保护野生植物11种，陆生脊椎动物72科270种，鱼类40种，雪豹、藏羚、白唇鹿、野牦牛、藏野驴、黑颈鹤等国家重点保护野生动物84种（光明日报，2024）。2015年12月9日，习近平总书记主持召开中央全面深化改革领导小组第十九次会议时，审议通过《中国三江源国家公园体制试点方案》。三江源国家公园体制试点的目标定位为：把三江源国家公园建成青藏高原生态保护修复示范区，三江源共建共享、人与自然和谐共生的先行区，青藏高原大自然保护展示和生态文化传承区。2016年3月10日，习近平总书记在参加十二届全国人大四次会议青海代表团审议时强调"要搞好中国三江源国家公园体制试点"。2016年8月，习近平总书记在青海考察期间强调"保护好三江源，对中华民族发展至关重要"。在习近平总书记的亲自关心和指导下，三江源国家公园体制试点建设顺利推进，这片高原净土的生态面貌发生了显著改变，生态功能明显增强。黑土滩治理区植被覆盖度由2015年不到20%增加到2024年的80%，草原综合植被覆盖度2020年达到61.9%，较2015年提高4.6个百分点；湿地植被覆盖度稳定在66%左右，水源涵养量年均增长6%以上；2024年，藏羚羊、藏原羚、藏野驴分别达到7万、6万、3.6万头（只），可可西里的整条生物链已经形成良性循环。

根据《2023西藏自治区生态环境状况公报》，截至2023年底，西藏自治区已建立各级各类自然保护区 47 处，保护区总面积 41.22 万 km²，占全区总面积的 34.35%，其中国家级自然保护区 11 处、自治区级自然保护区 12 处。同时，建立了 22 处国家湿地公园（包括试点）、9 处国家森林公园、3 处地质公园、16 处风景名胜区，初步形成了类型齐全、布局合理、保护有力、管理有效的自然保护地体系，涵盖了世界上海拔最高的自然保护区——珠穆朗玛峰国家级自然保护区，世界上最大、最深的峡谷自然保护区——雅鲁藏布大峡谷国家级自然保护区，世界上面积最大的陆生生态系统自然保护区——羌塘国家级自然保护区。西藏 80% 以上珍稀濒危野生动植物物种、分布区、栖息地和典型生态系统得到有效保护。"十三五"期间，西藏生态空间不断优化，全面划定生态保护红线、环境质量底线、资源利用上线，生态红线面积 53.9 万 km²，占全区总面积的 45%。推进国土空间规划，实施生态环境分区管控，建设 22 个各类生态功能保护区，生态优先、绿色发展的格局全面形成。

（五）生物多样性保护宣传和公众参与保护取得实效

积极利用"普法宣传周""世界野生动植物日""世界环境日"等时机，加强面向基层、面向社区的野生动植物保护和生态文化的宣传。2015 年 11 月，习近平总书记在中央扶贫开发工作会议上强调："生态补偿脱贫一批，加大贫困地区生态保护修复力度""让有劳动能力的贫困人口就地转成护林员等生态保护人员"。习近平总书记的重要指示为国家公园地区的民生改善指明了方向。

（六）初步构建了生物多样性监测体系，保护研究取得重要成绩

为了科学评估生物多样性的现状和动态变化，我国已经在青藏高原开展了一系列珍稀濒危野生动物资源调查及其栖息地监测。2019 年，我国科学家利用红外相机首次在墨脱拍到野生孟加拉虎野外生存照片，获得

野生孟加拉虎种群在我国分布的确凿证据。该发现得到西藏自治区有关领导的批示，对进一步的深入调查等工作作出部署，全国主流媒体，如《人民日报》、新华网等都进行了广泛报道。雪豹是高山生态系统的旗舰物种，其曾一度被世界自然保护联盟列入濒危名录。近年来，青海等地积极对雪豹等濒危物种种群和生态系统实施全面、完整保护，昔日难觅踪迹的雪豹，如今频繁出现在红外相机拍摄的画面中，成为青藏高原生物多样性有效保护的例证。近年来，在第二次青藏高原综合科学考察研究和"丝路环境"专项的支持下，我国科学家针对气候变化对青藏高原生态系统和物种多样性的影响取得的一系列最新成果，发现高山树线对气候变化响应的空间分异性及机制，气候暖湿化和植被生长的延续效应驱动了青藏高原植被生长变绿；发现和发表了一系列新物种和新记录种，提出全球变化背景下青藏高原的物种多样性适应性保护策略。为了加强青藏高原植物种质资源收集和保藏，中国西南野生生物种质资源库开展了青藏高原特殊环境植物种质资源系统收集、标准化保存。截至2016年，共收集保存了109 326份种质资源及相关材料，其中凭证标本76 433份、种子15 386份、DNA材料17 507份，涉及176科1119属5381种，占青藏高原分布种子植物科属种的82.2%、62.8%、50.2%。截至2023年12月，西藏种质资源库入库保存各类生物种质资源2107种11 648份，其中植物1636种5061份，动物129种1170份，微生物342种5417份。

第二节　青藏高原生物多样性保护的重大科技需求

党中央、国务院历来对青藏高原生态保护工作高度重视。党的十八大以来，习近平总书记多次就青藏高原生态保护工作作出重要指示批示，强调"保护好青藏高原生态就是对中华民族生存和发展的最大贡献。要牢固树立绿水青山就是金山银山的理念，坚持对历史负责、对人民负责、对世界负责的态度，把生态文明建设摆在更加突出的位置，守护好高原的生灵草木、万水千山，把青藏高原打造成为全国乃至国际生态文明高地"（新华社，2020）。2021年7月，习近平总书记在西藏考察时指出："保护好西藏生态环境，利在千秋、泽被天下。要牢固树立绿水青山就是金山银山、冰天雪地也是金山银山的理念，保持战略定力，提高生态环境治理水平，推动青藏高原生物多样性保护，坚定不移走生态优先、绿色发展之路，努力建设人与自然和谐共生的现代化，切实保护好地球第三极生态。"（新华社，2021b）

一、加强面向青藏高原生物多样性保护的国家需求

开展青藏高原生态屏障区生物多样性保护研究是学习贯彻习近平生态文明思想和习近平总书记等中央领导同志关于加强青藏高原生态保护的一系列重要指示批示精神的重要举措，是深入落实党的二十大精神、中央第七次西藏工作座谈会要求的具体实践，是筑牢青藏高原生态安全屏障、优化国家生态安全屏障体系、促进实现人与自然和谐共生的重要抓手，是加快推进生态文明建设、打造全国乃至国际生态文明高地的标志工程，对于推动青藏高原生态环境保护和可持续发展具有重要意义。

2021年10月，中共中央办公厅、国务院办公厅印发了《关于进一步加强生物多样性保护的意见》（简称《意见》），要求各地区各部门结合实际认真贯彻落实。《意见》明确指出："到2035年，生物多样性保护政策、法规、制度、标准和监测体系全面完善，形成统一有序的全国生物多样性保护空间格局，全国森林、草原、荒漠、河湖、湿地、海洋等自然生态系统状况实现根本好转，森林覆盖率达到26%，草原综合植被盖

度达到60%，湿地保护率提高到60%左右，以国家公园为主体的自然保护地占陆域国土面积的18%以上，典型生态系统、国家重点保护野生动植物物种、濒危野生动植物及其栖息地得到全面保护，长江水生生物完整性指数显著改善，生物遗传资源获取与惠益分享、可持续利用机制全面建立，保护生物多样性成为公民自觉行动，形成生物多样性保护推动绿色发展和人与自然和谐共生的良好局面，努力建设美丽中国。"

2024年1月，经国务院批准，生态环境部发布《中国生物多样性保护战略与行动计划（2023—2030年）》（简称《行动计划》）。《行动计划》是作为《生物多样性公约》第十五次缔约方大会（COP15）主席国持续推动"昆明—蒙特利尔全球生物多样性框架"落实的切实行动，明确了我国新时期生物多样性保护战略，部署了生物多样性主流化、应对生物多样性丧失威胁、生物多样性可持续利用与惠益分享、生物多样性治理能力现代化4个优先领域，每个优先领域下设6~8个优先行动，广泛涵盖法律法规、政策规划、执法监督、宣传教育、社会参与、调查监测评估、保护恢复、生物安全管理、生物资源可持续管理、生态产品价值实现、城市生物多样性、惠益分享、气候与环境治理、投融资、国际履约与合作等内容。到2030年，生物多样性保护优先区域和国家战略区域的本底调查与评估持续推进，国家生物多样性监测网络基本建成。生物多样性丧失趋势得到有效缓解，生物多样性保护与管理水平显著提升，形成全民共同参与生物多样性保护的良好局面。至少30%的陆地、内陆水域、沿海和海洋退化生态系统得到有效恢复，至少30%的陆地、内陆水域、沿海和海洋区域得到有效保护和管理，以国家公园为主体的自然保护地面积占陆域国土面积的18%左右，陆域生态保护红线面积不低于陆域国土面积的30%。《行动计划》为各部门、各地区推进生物多样性保护工作提供指引。

二、青藏高原生物多样性保护面临的挑战

青藏高原是生物多样性的富集区，但其自然生态系统敏感脆弱，保护工作仍面临诸多的挑战，突出问题包括：气候变化对自然生态系统和生物多样性产生显著影响。青藏高原近 50% 的草原面临不同程度的退化威胁，且高寒生态系统的自我修复能力差，存在边治理边退化、二次退化、鼠虫害反弹等现象。青藏高原森林生态系统占比较少，人工林普遍存在林分结构简单、树种组成单一、生物多样性贫乏等问题。湿地生态系统受气候变化影响较大，部分湿地生态系统面临剧烈变化或威胁，局部地区水土流失和荒漠化、沙化仍有扩展。生物多样性保护与地方经济、社会发展之间的矛盾依然较大，草场过度放牧、生物资源过度利用对生物多样性的影响加剧，外来入侵物种增加了生物安全的压力，人与野生动物的矛盾冲突日益凸显，生物多样性丧失趋势尚未得到根本遏制。

三、青藏高原生物多样性保护需要重点关注的科技需求

经过几十年持续不懈的考察，较为全面地认识了青藏高原生态屏障区动植物多样性的本底，但是仍有一些调查和研究的薄弱地区，特别是生物多样性富集的藏东南地区和喜马拉雅山脉，以及极高海拔的高山冰缘带。从生物类群来看，对昆虫和微生物的系统调查和研究仍较为缺乏。由于气候变化和人类活动的影响，未来青藏高原生物多样性研究的重点应聚焦生物多样性的变化、保护成效的分析、国家公园为主体的就地保护体系的建设、迁地保护体系的完善等。

为建设青藏高原国家生态安全屏障，守护好高原的生灵草木、万水千山，未来青藏高原生物多样性领域应该重点关注以下科技需求。

气候变化背景下的生物多样性变化及其应对。青藏高原是全球气候变化最敏感的地区，研究升温、极端天气及其环境变化效应对生物多样性生存、繁衍和分布格局的影响，以及生物自身对变化的响应与适应，并提出应对策略。

跨境生物安全与生态安全。我国与印度、尼泊尔、缅甸等国家毗邻，登革热、艾滋病、非洲猪瘟等传染病和动物疫情时不时跨境传入青藏高原我国部分，并造成严重危害。外来入侵植物印加孔雀草（*Tagetes minuta*）于2016年在西藏朗县呈爆发式增长，已对当地的自然生态系统和农田生态系统造成了严重危害，如果不对印加孔雀草加以管控，而是任其发展，印加孔雀草有可能在藏东南大面积恶性蔓延。因此，加强跨境生物安全和生态安全的监测和研究，是守卫"国门"安全的迫切需要。

以国家公园为主体的就地保护体系优化。2021年国家已经批准三江源国家公园建设，未来应该针对青藏高原布局、规划以国家公园为主体的自然保护地建设，持续推进各级各类自然保护地、城市绿地等保护空间标准化、规范化建设。2021年1月通过的《西藏自治区国家生态文明高地建设条例》提出："推进建立以国家公园为主体、自然保护区为基础、各类自然公园为补充的自然保护地体系，推动珠穆朗玛峰、羌塘、唐古拉山北部西藏片区等区域纳入国家公园空间布局，推进青藏高原世界自然和文化遗产申遗项目，推动地球第三极国家公园建设。"

重要区域生态系统保护和修复。统筹考虑青藏高原生态系统完整性、自然地理单元连续性和经济社会发展可持续性，统筹推进山水林田湖草沙冰一体化保护和修复，提出重点生态工程实施区域，加快恢复物种栖息地；加强重点生态功能区、重要自然生态系统、自然遗迹、自然景观及珍稀濒危物种种群、极小种群保护，提升生态系统的稳定性和复原力。

生物多样性迁地保护体系优化。青藏高原目前建设有西藏种质资源库，中国西南野生生物种质资源库收集保存了大量青藏高原的植物种子，要对标国家林业和草原局、住房和城乡建设部研究制定的《国家植物园设立规范（试行）》，推动林芝国家植物园的规划和建设；加强微生物菌种保藏中心平台建设，建设世界一流、中国特色鲜明的生物多样性迁地保育体系。

生物多样性监测和评估体系。要完善生物多样性调查监测技术标准体系，统筹衔接各类资源调查监测工作，开展重点生物物种及重要生物遗传资源调查；加快卫星遥感和无人机航空遥感技术应用，探索人工智能应用，推动生物多样性监测现代化；开展大型工程建设、资源开发利用、外来物种入侵、生物技术应用、气候变化、环境污染、自然灾害等对生物多样性的影响评价，明确评价方式、内容、程序，提出应对策略。

生物多样性与碳汇功能。全球气候变化下，冰川、冻土和湖泊显著退缩和减少、水体咸化，土壤干旱沙化，大型动植物生物多样性降低等，生态环境的变化势必危及青藏高原微生物物种的多样性，进一步改变其功能的多样性，如冻土微生物介导的甲烷排放等碳循环过程对高原碳汇功能产生的重要影响，可能给区域生态带来威胁。

极端微生物资源的保护。全球变暖导致的冰川及冻土的融化可能会使先前封存在其内的未知的特殊微生物或关键遗传因子得以恢复，加快释放，影响区域生态环境，有必要揭示病毒等特殊微生物与气候变化的关联；正确评估青藏高原微生物对生态环境的影响，预测生态环境变化是否可能引发微生物安全危机，揭示高原微生物与生态环境变化的关联。

第三节　青藏高原生物多样性保护的战略重点

2021年7月21～23日，习近平总书记在西藏考察时强调："要坚持保护优先，坚持山水林田湖草沙冰一体化保护和系统治理，加强重要江河流域生态环境保护和修复，统筹水资源合理开发利用和保护，守护好这里的生灵草木、万水千山。"（新华社，2021b）

青藏高原生态屏障区生物多样性保护拟解决的关键科学问题包括气候变化如何影响青藏高原高寒生态系统和生物多样性、生境破碎化如何影响物种交流和遗传多样性的维持、高原重点保护生物响应升温的机制是什么、分布格局如何变化、高原大型野生动物对草地生态系统承载力的影响是什么、外来入侵生物对高原生物多样性的影响是什么、如何预警等。

生物多样性保护的战略重点是紧扣建设国家生态安全屏障，守护生灵草木和建设美丽的青藏高原等国家重大需求，以全球变化与生物多样性为主攻方向，开展重点保护动植物对高原升温的影响与分布格局变化、保护区对保护重要物种的贡献以及迁地保护优化、保护区孤岛化对重点保护物种基因交流的影响、外来入侵生物对高原生物多样性的影响及其预警系统、大型野生动物种群变化对草地生态系统的影响、特色植物资源与真菌种质研究、驯化和利用研究等科学研究。

生物多样性保护。对青藏高原空白、薄弱与关键区域开展动物、植物、微生物多样性调查与种质资源收集保存，建立部分物种基因资源库，系统掌握青藏高原生物多样性家底现状、分析生物多样性空间格局，揭示其形成和维持机制；优化建设动植物园、濒危植物扩繁和迁地保护中心、野生动物收容救护中心和保育救助站、种质资源库、微生物菌种保藏中心等各级各类抢救性迁地保护设施，填补重要区域和重要物种保护空缺，完善生物资源迁地保存繁育体系。

关键生态系统修复的新技术研发。开发青藏高原生态屏障区生态修复现状判别与变化预判技术，创制生态修复草种的种质资源与新材料，研发退化草地修复微生物调控、多年冻土区冻融灾害预防与治理、生态工程碳增汇及生物多样性修复等技术体系，提出生态产品价值实现及生态衍生业的实现路径。

高原特色生物资源开发利用技术。开展新作物、新品种、新品系、新遗传材料和作物病虫害发展动态调查研究，加强野生动植物种质资源保护和可持续利用，保障粮食安全和生态安全；提高种质资源品种改良生物技术水平，促进环保、农业、医疗等领域的生物资源科技成果转化应用。

第六章

青藏高原生态屏障区环境污染风险与防控

第一节　青藏高原环境污染风险与防控的基本情况

一、青藏高原环境本底情况

由于海拔较高且远离人类活动密集区，青藏高原环境总体上本底优良，工业革命之前的污染物水平极低，是全球与北极相当的洁净地区之一。总体上，青藏高原偏远地区的环境处于全球背景水平，但是城镇和交通沿线的各类环境污染水平显著地受到局地人类活动的影响。同时，青藏高原所在或毗邻的中亚、东南亚、东亚和南亚等地区均是人口稠密且人类活动频繁的地区，这些地区排放的污染物通过大气环流跨境传输进入青藏高原，对其环境产生了影响。例如，南亚地区排放的吸光性气溶胶（如黑碳等）跨境传输，导致高原大气升温及冰冻圈加速消融。冰川积累的有毒污染物 [如来自大气沉降的重金属、持久性有机污染物（Persistent Organic Pollutants，POPs）等] 的再释放及其对水生生态系统的致害风险、高原陆生生态系统有毒污染物的生物富集 / 放大及其对人体健康的可能影响等日益明显。新污染物（如微塑料等）对高原环境的潜在影响不容忽视。

（一）大气污染物

高原环境污染的基本状况是：大气质量总体良好，广袤的偏远地区细颗粒物（$PM_{2.5}$）含量很低，源于自然沙尘的粗颗粒物在冬春季偶发性升高，源自周边区域（特别是南亚）的黑碳气溶胶等导致高原南部冬春季出现大气污染事件。青藏高原城市区大气颗粒物浓度相对较高，$PM_{2.5}$

和 PM_{10} 可达 14.6 μg/m³ 和 33.9 μg/m³。喜马拉雅山脉的颗粒物浓度水平很低，平均约为 2.0 μg/m³，但显著受到南亚棕色云爆发以及沙尘天气的影响，可导致颗粒物浓度显著上升达到城市地区的水平。高原内陆大气近地表气溶胶质量浓度水平较低，为 10~20 μg/m³，且具有显著的季节变化和日变化特征。高原南部表现为春季高、夏季低，白天高、夜间低的特点，而高原北部则呈夏季高的特点（Liu et al., 2017）。

青藏高原大气碳质气溶胶（黑碳和有机碳）含量与世界其他偏远地区相当，黑碳和有机碳浓度平均约为 0.2 μg/m³ 和 1.2 μg/m³，代表亚洲地区的背景水平。整体上，黑碳和有机碳浓度从高原边缘向内陆减少，珠穆朗玛峰地区和慕士塔格峰地区的大气黑碳含量分别约为 0.3 μg/m³ 和 0.06 μg/m³，纳木错地区的黑碳含量约为 0.1 μg/m³。高原南部主要受跨境传输以及源地燃烧强度的季节变化影响，如珠穆朗玛峰地区大气黑碳浓度在春季最高，夏季最低。高原中部有机碳是碳质气溶胶的主要组分，生物质燃烧是碳质气溶胶的重要来源。高原北部和西部生物质燃烧贡献较小，受塔克拉玛干沙漠沙尘的影响较大（Chen et al., 2019）。

气态污染物尤其是 POPs 具有和颗粒态污染物不同的大气传输过程与机理。青藏高原大气中 POPs 浓度水平呈现从东南部向西北部递减的时空特征，邻近雅鲁藏布大峡谷的藏东南地区出现高值，且夏季浓度高于其他季节，而高原北部夏季出现 POPs 的低值。其中，多环芳烃（PAHs）的含量为 3.4~15.2 ng/m³，整体表现为高原周边高、内陆低，并呈秋冬季高、夏季低的态势，高海拔低温环境导致青藏高原更可能成为 PAHs 的汇（Zheng et al., 2020）。高原偏远区大气汞浓度为 1.2~3.98 ng/m³，与北半球大气汞的背景浓度（1.5~1.7 ng/m³）相当（Yin et al., 2018）。

与平流层交换频繁导致青藏高原臭氧等气态污染物较高。例如，高原北部瓦里关和南部 NCO-P（Nepal Climate Observatory at Pyramid，一般称为金字塔站）站臭氧浓度可达 50 ppb（1 ppb=1×10⁻⁹），远高于诸多城市站点水平（Cristofanelli et al.，2010；Ding and Wang，2006）；中部纳木错地区近地表臭氧浓度平均值为 47.6 ppb（Yin et al.，2017），主要受到长距离传输和平流层输入的影响，而日变化为昼高夜低，主要受到区域环境，如大气垂直交换和光化学作用的影响。整体上，高原北部臭氧浓度夏季呈高值，高原中部则是春末夏初呈高值，高原南部春季达到峰值。

整体而言，青藏高原自身人类活动强度相对较低，空气质量受局地人类活动的影响较小，污染物种类较少，浓度相对偏低，各类污染物含量与北极地区相当。随着绿色能源推广、生态城镇建设和农村环境综合治理的不断推进，青藏高原空气质量进一步提高。目前，青藏高原偏远地区仍然是地球上最洁净的区域之一。

（二）雪冰污染物

青藏高原典型冰川表雪以及雪坑样品中污染物（如黑碳和汞）的浓度明显高于南北极地区，说明高原冰川受来自周边地区污染物排放的影响更为严重。雪坑中黑碳浓度平均约为 50 ng/mL，整体呈周边高、中间低的态势，低值出现在喜马拉雅高海拔冰川区。沉积后过程对雪冰中污染物的迁移转化具有重要影响，冰川表面老雪和裸冰中黑碳浓度显著高于新降雪以及雪坑 1~2 个数量级，每毫升样品中黑碳浓度高达数百甚至上千纳克（Kang et al.，2022）。高原北部和东南部雪冰中总汞浓度较高、中部较低，主要受雪冰中不溶微粒控制，即大气汞的沉降与大气粉尘密切相关（Zhang et al.，2019），这与南北极地区大气汞以被卤族元素和化合物氧化沉降为主的方式明显不同。有机污染物特别是 POPs 在雪冰中主要通过光化学反应进行转化，能在积雪中重新分配与迁移，并伴随雪冰融水挥发或清除。青藏高原雪冰和融水中 PAHs 含量在 20~60 ng/L，且没有明显的区域规律，以 2~4 环低分子量的化合物为主（Li et al.，2011），其中菲的含量最高。珠穆朗玛峰高海拔冰川区检测到大量有机氯农药，

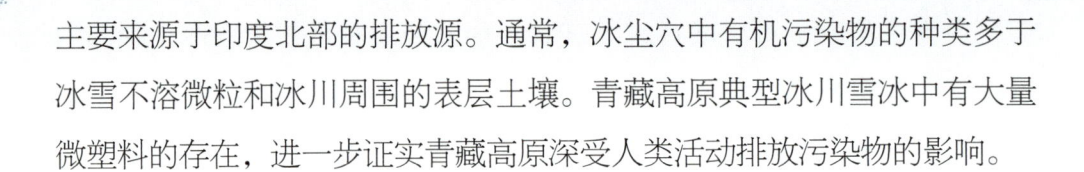

主要来源于印度北部的排放源。通常，冰尘穴中有机污染物的种类多于冰雪不溶微粒和冰川周围的表层土壤。青藏高原典型冰川雪冰中有大量微塑料的存在，进一步证实青藏高原深受人类活动排放污染物的影响。

（三）河湖湿地等水体污染物

青藏高原是亚洲数条大江大河的源头，这些江河具有流速快、含沙量小、受冰川融水影响显著等特点。河水主要呈弱碱性，以 Ca-HCO$_3$（>83%）为主，碳酸盐风化对水化学特征具有主导作用。大部分河水水质保持自然状态，但在少数地方存在水安全隐患。硝酸根离子和铜、锌、铬等元素的变化显示了人类聚居区对河水的污染，但均低于我国东部典型的污染河流，且重金属含量低于 I 类水质各项指标。河水中砷（As）元素含量明显偏高，反映了西藏广泛分布富含砷的页岩和地热活动。雅鲁藏布江表层水中总汞和总甲基汞的浓度为 1.46~4.99 ng/L 和 0.06~0.29 ng/L（郑伟等，2010），可代表西藏河流生态系统的背景水平。

青藏高原湖泊广布，面积超过 1km^2 的湖泊数量超过 1400 个，湖泊总面积约 5 万 km^2，是该地区的重要组成部分。基于 2009~2019 年大范围湖泊实测水质参数发现，青藏高原湖泊大部分处于非淡水状态，营养化程度低，浮游植物和溶解性有机质较少，浊度低，透明度高；盐度总体南低北高，pH 则明显南高北低，湖泊水温呈现随季节波动、随海拔升高而降低的变化，湖水透明度随湖泊面积增加而增加。纳木错湖水中总汞和总甲基汞的浓度以及入湖河流表层水、大气降水中总汞的浓度分别为 0.48~1.72 ng/L、0.020~0.043 ng/L、0.77~1.60 ng/L、3.75~12.62 ng/L，代表西藏湖泊生态系统的背景水平。

总体上，青藏高原河湖湿地等不同水体基本处于天然本底状态，水体环境总体优良，水质状况保持稳定良好，符合国家地表水环境质量标准中的 I 类和 II 类水体标准。然而，部分河流冰川源区和盐湖水体由于浊度和盐度较高，不适合灌溉和饮用，部分河流受原生地质条件影响，存在砷含量超标的问题。

（四）土壤污染物

青藏高原表土（0~20 cm）重金属污染程度不高，高原中部及东南部污染相对较重，且采矿和交通等综合影响导致铬和砷显著超标（杨安等，2020）。表土 PAHs 浓度约为 56 ng/g，与我国其他地区相比污染物水平较低，且低于其他偏远地区土壤 PAHs 浓度，除受机动车尾气排放和燃烧源的影响外，具有相似的地质成因来源。PAHs 组成上以二环和三环小分子量为主，在土壤中更易发生纵向迁移。大部分 PAHs 存储和累积于深层土壤，对地下生态系统存在潜在危害（陆妍等，2022）。西藏中部地区土壤中重金属砷和汞污染较为严重，与矿山开发、地热活动、交通运输以及大气传输等密切相关。表土中新污染物微塑料分布广泛，每千克土壤中约有 40 个微塑料颗粒（赵远昭等，2022）。青藏高原冻土中存储有大量汞，总储量可达 125 Gg（孙世威等，2023）。气候变暖导致的多年冻土退化可能使大量的汞释放，增加青藏高原汞负荷，进而可能影响整个生态系统。

总体而言，青藏高原的土壤继承母岩基本性质，各类重金属和有机物等指标持平或低于全国土壤背景值，但母岩砷含量较高导致高原土壤本底砷含量高于全国土壤的平均值。

（五）生物体内污染物积累

在生态系统中，一些有毒有害污染物可以通过食物链进行逐级传递，并在生物体内积累而超过环境所承受的浓度，具有显著的生物富集作用或放大效应。青藏高原南部河流和湖泊中 13 种鱼类的总汞和甲基汞含量分别为 25.1~1218 ng/g 和 24.9~1196 ng/g（以湿重计）（Sun R et al.,

2020），与我国东部地区鱼类汞含量相当，部分鱼类的汞含量甚至高于某些汞污染区域鱼类的汞含量，这与青藏高原环境介质中极低的汞含量水平形成强烈反差。青藏高原水生生态系统具有较高的汞同化率和传递效率，可能具有与其他地区不同的汞富集与传递机制，进而为鱼类富集甲基汞提供了条件。

新污染物微塑料沿着食物链积累与富集的问题日益引起关注，在青藏高原地区的鱼类中检测到微塑料的存在。针对青海湖流域特有优势鱼类鲤科杂食性洄游鱼［青海湖裸鲤（*Gymnocypris przewalskii*）］的微塑料污染调查发现，在采集的10条体长24.9～29.0 cm的裸鲤样本的消化道中都发现了微塑料，微塑料的数量在2～15个。在所有鱼类样品中均发现了纤维，而在一半鱼类样本中观察到薄片，这些微塑料被确定为聚乙烯（PE）、聚苯乙烯（PS）、聚酰胺（PA）和聚丙烯（PP），可对生物的肠道造成机械磨损，并产生一定的毒性效应。

二、存在的环境污染特征

（一）原生污染

作为一个降水和径流丰富的多山地区，西藏有丰富的地表水和地下水资源。西藏全区1997～2018年平均地表水资源量达到 4.437×10^{11} m³，约占全国地表水资源量的17%，地下水资源总量约 1.087×10^{11} m³（周思儒和信忠保，2022）。

近年来，一些研究报道了西藏部分地区天然水的化学性质和水中砷、硒、氟等的含量（田原等，2014；王明国等，2012）。结果表明，在森格藏布（狮泉河）和雅鲁藏布江等流域，43.2%的河流水样和所有的温泉、盐水湖和井水水样中砷的浓度超过 10 μg/L。西藏西部2个高砷温泉水和7个高砷盐湖水水样中，砷的最大值分别达到了5985 μg/L 和 10 626 μg/L。

在西藏中部和西部的当雄、双湖、改则、革吉和狮泉河地区的9个高砷水样中，砷含量的平均值达到113.23 μg/L，其中约40%的高砷水为饮用水（王明国等，2012）。此外，水样中硒含量偏低，最高值为0.898 μg/L，平均值为0.154 μg/L（田原等，2014）。对西藏桑日县、尼木县、谢通门县和工布江达县30个饮用水样的研究发现，水样中硒含量偏低，含量为0.07～1.12 μg/L，砷含量为0.3～10.7 μg/L（张强英等，2018）。西藏中部60个河流水和井水中氟的含量为0.02～0.18 mg/L，西藏地区大部分水源的氟含量都不高（田原等，2014）。

对西藏地区7个地市51个县内138个乡镇的204个天然水样（包括104个地表水样、84个浅井水样、9个深井水样、4个湖水样和3个温泉水样）中的常量元素和微量元素含量、水化学特征以及砷、硒、氟等浓度进行调查分析发现，大部分地表水和井水都呈弱碱性，pH平均值为7.81；水中主要的阴阳离子为Ca^{2+}和HCO_3^-；西藏地区存在一些高砷、高氟水，且不同水体中砷、硒、氟的含量变化较大，尤其是在阿里地区，水中的砷可达241.37 μg/L，湖水中的砷为27.46 μg/L，而多处地下水和湖水中氟含量较高。总体而言，西藏地区水砷元素的分布不均匀，变化较大，东部明显低于西部：阿里（77.35 μg/L）＞日喀则（4.39 μg/L）＞那曲（2.52 μg/L）＞拉萨（2.10 μg/L）＞山南（1.68 μg/L）＞林芝（1.51 μg/L）＞昌都（1.17 μg/L）。砷元素与氯（Cl）、锂（Li）、铊（Tl）、铯（Cs）、铷（Rb）、汞（Hg）和硼（B）元素有很高的相关性。除砷元素外，其他元素在地表水和地下水中的非致癌健康风险都较低，但阿里地区地下水与地表水中的砷元素导致致癌和非致癌健康风险均超过健康阈值，长时间饮用该水，会导致患癌症的概率增大（Tian et al.，2016）。

（二）跨境大气污染

青藏高原自身工农业活动较弱、人类排放污染物很少，环境相对洁净。然而，由于毗邻大气污染严重地区，同时又受到西风环流和南亚季风的影响，南亚、中亚等周边排放的污染物可以通过大气环流跨境传输进入青藏高原而影响其环境。大气观测、冰芯记录、模型模拟结果均显示南亚是青藏高原大气污染物的主要源区，南亚最典型的污染事件是在冬、春季频繁爆发的大气棕色云，大气棕色云在南亚的聚集和爆发不仅对南亚，也对青藏高原的气候环境产生了深刻的影响。

黑碳气溶胶是大气棕色云的重要组成部分，具有吸光特性，不仅能强烈地改变大气和地表的辐射平衡，还能影响南亚季风的波动和水循环。基于大气污染物与冰冻圈变化协同观测网络系统分析了青藏高原黑碳气溶胶的时空分布，发现黑碳含量由周边区域向高原内部呈现显著降低趋势，南亚城市地区黑碳气溶胶含量高出高原内陆约2个数量级；黑碳气溶胶总体上呈季风期低而非季风期高的变化特征。放射性 ^{14}C 指标分析发现，高原内陆黑碳主要来自生物质燃烧（>60%以上）(Li et al., 2016)。基于模式计算得出，南亚是青藏高原黑碳气溶胶的主要源区，其对非季风期高原黑碳的贡献高达61.3%。模式模拟分析进一步发现，南亚排放的黑碳气溶胶能够通过深对流抬升跨越喜马拉雅山脉进入高原内陆，同时也可沿着山谷通道低空传入高原。南亚跨境输入的黑碳气溶胶会进一步影响青藏高原的气候和冰冻圈变化。研究发现，近期黑碳气溶胶导致青藏高原中高层大气升温，高原西南部地区和喜马拉雅山脉近地面升温0.1~1.5℃；同时，高原南部季风期降水减少。青藏高原冰川中黑碳对雪表反照率降低的贡献平均约为20%（范围10%~50%），进而导致冰川融化量增加约20%（范围15%~40%），使得积雪期减少3~4天（康世昌等，2019）。

汞在大气中可以多种形式存在，其中元素汞主要以气态形式存在，是一种有毒金属。大气是汞的重要存储介质和传输通道，大气汞通常可以划分为三种主要形式：气态单质汞（GEM）、气态氧化汞和颗粒态汞。三种形态的汞有不同的物理化学性质、传输特性、转化方式和沉降特征，在大气中存留时间不同。GEM和气态氧化汞在大气中的沉降速率分别为0.01~0.19 cm/s和0.4~7.6 cm/s，颗粒态汞的沉降速率（0.1~2.1 cm/s）介于两者之间（王立辉和严超宇，2015）。GEM是大气汞的主要存在形式，具有较强的惰性，水溶性低，这一性质使GEM在大气中的存留时间长达1年，从而在全球范围内传输。大气汞的来源主要有自然源和人为源，人为源主要包括化石燃料燃烧、城市垃圾和医疗垃圾焚烧、有色金属冶炼、氯碱工业、水泥制造、土法炼金和炼汞活动等。自然源主要包括火山地热活动、自然富汞土壤、自然水体、植物、森林火灾等，其中土壤和水体表面的释汞通量是大气汞自然源的重要组成部分。大气汞浓度高的地区一般分布在工业活动频繁（如有色金属冶炼、燃煤发电、垃圾焚烧等），以及火山地热活动、汞矿区和高汞土壤等自然源强烈释放的区域。但由于大气输送和汞的迁移转化作用，在其他地区大气中都观测到不同浓度的汞。

由于青藏高原位于东亚和南亚两大汞释放源区之间，加之自身脆弱的生态环境，其极易受到外来汞污染的影响。青藏高原及周边大气汞研究站点主要分布于高原周边地区（瓦里关、香格里拉、贡嘎山）以及内陆背景区（纳木错站和珠穆朗玛峰南侧的NCO-P站）。以上站点均属于背景站，GEM/气态总汞（TGM）的浓度为1.2~3.98 ng/m^3（Yin et al., 2018）。其中，纳木错站是中国已有报道中汞浓度最低的站点，代表青藏高原洁净地区极低的大气汞浓度水平。瓦里关站与纳木错站具有较为一致的大气汞季节变化，表现出暖季高冷季低的特征。瓦里关站在暖季受到来自中国西部和印度北部等低纬度地区气流的影响时，TGM浓度较高；在冷季，受到来自中亚、新疆和西藏气流影响时，TGM浓度较低。纳木错站在暖季受到来自南亚气流的影响，以及更多的地表汞释放量是TGM呈高值的原因。受周边区域燃煤增多的影响，贡嘎山在冷季表现出显著的TGM高值。香格里拉站在夏季偶尔受到南亚气流影响，增加了TGM

浓度，而西风会将我国境内释放的汞带到观测站点，也会增加 TGM 浓度。整体来看，青藏高原内部大气汞浓度较低，与高原上原始洁净的环境相一致，大气汞遵循局地循环规律，地表汞释放是大气汞的主要来源之一。此外，GEM 在太阳辐射和卤族元素等氧化物的作用下，能够转化为活性气态汞，并发生沉降进入青藏高原生态环境中，而空气垂直交换在活性气态汞形成的过程中起到稀释的作用。高原边缘站点因离人类活动区域较近，受人为排放影响明显，在一定时段内出现较高浓度的大气汞。纳木错站及瓦里关站的研究均表明，来自南亚的人为汞排放能够通过大气环流进入青藏高原内部，甚至影响青藏高原北部区域。

南亚依然是亚洲大气污染最严重的地区之一，也是全球大气污染物排放增长速度最快的地区之一。因此，为了避免南亚的跨境污染物持续威胁青藏高原的气候和冰冻圈变化，减少南亚地区的生物质燃烧排放是行之有效的途径。

（三）高原局地污染

1. 城镇污染

城镇人类活动排放污染物是青藏高原局地大气、水体和土壤污染的重要来源。例如，尼洋河流域和扎曲河流域受城镇污水排放影响较为严重，其中重金属 Pb、Zn、Cd 和总氮的生态污染风险较大。此外，在建设拉林铁路时，尼洋河下游松多镇一侧是建筑工地，部分时段存在大量生活垃圾，对河流水质造成明显影响，尼洋河源头和尼洋河下游底泥中多种重金属的富集程度（即地累积指数 I_{geo}）显著升高，如两个地点 Pb 的 I_{geo} 分别为 3.32 和 4.61，Cd 的 I_{geo} 分别为 4.41 和 2.29，As 的 I_{geo} 分别为 1.68 和 1.18，均对尼洋河流域产生较高的生态风险（王珍等，2021）。

拉萨市生活垃圾填埋场对周边土壤环境产生了一定污染，虽然各种重金属元素的浓度均没有超出国家二级标准的限值，但 Pb、Cr、Ni、

Cd、As、Hg、Zn 均高于拉萨城市土壤元素背景值，其中 Cr 为轻度污染，Hg 在个别监测点为轻度污染，具有轻微生态危害。拉萨市垃圾填埋场周边地下水污染程度呈轻污染，主要污染物为阴离子表面活性剂、铅、氟化物等。在垃圾渗滤液处理站周边，土壤重金属 Cd、As 和 Zn 含量高于拉萨城市土壤元素背景值和中国城市土壤元素背景值，其中污染贡献率最大的是 Cd，分别是拉萨城市土壤背景值的 6.67 倍和中国城市土壤元素背景值的 8.25 倍（穷达卓玛等，2020）。

2. 农业和工矿业污染

拉萨地区大气中的有机氯农药主要来源于当地的农业生产排放，且与季风环流存在良好的对应关系。藏东南地区过去的农业活动残留的有机氯农药对当地的有机氯农药污染影响较大。年楚河流域受降水对肥料和农药的冲刷作用影响较大，其中重金属 Cr 和 Co 的污染显著。

西藏昌都市、青海格尔木市和甘肃甘南藏族自治州（简称甘南州）等地区的土壤存在明显的 Cd 污染。工业是昌都市和格尔木市的支柱产业，2023 年昌都市工业总产值完成 113.93 亿元，同比增长 14%；2023 年格尔木市完成 291.22 亿元，占生产总值的 68.1%，剧烈的工业活动会影响该地区土壤中 Cd 的浓度；甘南州的城镇以河谷型城镇为主，多沿洮河、白龙江、大夏河、黄河等河流分布，独特的地形地貌使甘南州成规模的工厂基地都聚集在河谷地带，在高寒低温、湿润多雨的气候条件下，易使得 Cd 在土壤中不断富集。

青藏高原地处高海拔的高寒生态脆弱区，又是中国的矿产战略储备基地，矿产资源开采不可避免地导致青藏高原河流重金属污染。As、Pb、Cd、Cu 和 Zn 五种元素是德尔尼铜矿、大场金矿、下柳沟铅锌矿、甲玛铜矿和罗布莎铬铁矿等金属矿山的特征污染物。德尔尼铜矿区、下柳沟铅锌矿区、甲玛铜矿区的河流均有重金属元素污染。德尔尼铜矿区的主要污染物为 As，单项污染指数为 0～10.6；下柳沟铅锌矿区 Pb、Cd、Cu

和 Zn 元素的单项污染指数分别为 0.2~2.1、0~55、0.4~24 和 0.3~1550；甲玛铜矿区的特征污染物主要为 Cu、Cd，其单项污染指数分别为 0~4174、0~4；勘探矿区（大场金矿）、闭坑矿区（罗布莎铬铁矿区）河流未出现污染。由于稀释作用，5 处典型矿山河流中的重金属在流经 2 km 后达到安全水平。高浓度 Cu 主要分布在拉萨河流域，巨龙铜业有限公司尾矿中的重金属进入拉萨河，在旱季停止开采时 Cu 含量较低。Pb 在拉萨河干流靠近甲玛铜矿区以及墨竹曲支流处浓度较高。玉龙铜矿地处西藏自治区昌都市江达县青泥洞乡境内，矿区周围两条小溪 4 个采样点的检测结果表明，Al 和 Fe 含量为 0.5~1.7 mg/L，与分析的大多数样品相比相对较高。其中，1 处采样点 Cu 浓度最高为 14.6 mg/L。在金沙江某人工水坝上游及坝上采集的样品中，Ni 浓度明显升高（46~64 mg/L），而在金沙江干流朝下游 1 km 处采集的样品中，Ni 含量约为 2.7 mg/L。可见，高原工矿业活动对矿区周边环境有较大影响（刘瑞平等，2018）。

3. 交通污染

公路和铁路等陆地交通线路（简称交通线路）运营后，由交通工具燃油和机油废气排放、车轮和制动部件机械磨损，以及路面老化和磨损等过程形成的各类污染物随大气干湿沉降和地表径流转移到路侧土壤和植物中形成化学污染。在各类交通源污染物中，重金属类污染物可以在土壤中不断富集且难以降解，并可以通过植物进入食物链进而对人或动物的健康产生潜在危害。此外，重金属微粒也可能随扬尘散播导致大气质量变差，或随降雨入渗和径流迁移到河流、湖泊或地下水，引起水体二次污染。

青藏高原是我国人口最为稀疏地区之一，区内工业生产水平整体较低，是受人类污染最少的地区之一。基于近十年青藏高原对外主要联络线——青藏公路北线［G109（西宁市经格尔木市至拉萨市）］和南线［(G214+S308（西宁市经玛多县至不冻泉）］、川藏公路北线［G317（甘孜州至那曲市）]和南线［G318（甘孜州至拉萨市）]、青藏铁路（西宁市至格尔木市段）以及拉萨市区主要交通路线的调查结果表明，青藏高原主要公路及铁路沿线路侧土壤重金属均已呈现不同程度的富集，并以Cd、Pb、Zn和Cu为主，但绝大多数区域的富集危害程度较低（无污染），只有个别路段，如青藏铁路德令哈路段、G109沱沱河路段和当雄附近、G318拉萨附近，土壤重金属富集潜在生态危害达到显著水平或中度级别，其中危害程度最大的元素是Cd，其次是Pb。从路侧影响范围来看，除极个别具有特殊地形和交通环境的路段外，公路和铁路路侧土壤重金属的主要影响范围为距离路基5～10 m处，在20～30 m距离以外土壤重金属含量已降低至区域背景水平（南维鸽等，2024）。

青藏高原多山且地形复杂，在海拔高、空气稀薄的环境中，车辆单位能耗水平和相应污染物排放量高于全国均值。但由于总体交通路网密度及车流量相对我国其他人口密集区较低，交通源重金属污染总体水平仍然较其他路段低，如G109和G318区域外路段以及陇海铁路、成昆铁路等的污染水平低。与其他地区相比，高原特殊的气候和碱性土壤环境在一定程度上能够降低土壤重金属的危害：低温少雨环境能在一定程度上减弱重金属的迁移能力；碱性土壤环境不利于重金属向离子转化，从而降低其向深层土壤淋溶迁移的能力和生物有效性。此外，高原路侧普遍分布的紫花针茅、矮蒿草等植物也能够通过茎叶对大气沉降物的附着吸收和少量的根系吸收积累部分重金属。

1978年改革开放和2000年实施西部大开发战略以来，青藏高原地区城镇化进程步入快速增长时期。在2015年召开的中央第六次西藏工作座谈会上，习近平总书记强调，要"加快西藏全面建成小康社会步伐"，为今后一个时期西藏的发展指明了前进的方向。据统计，截至2023年，青海省和西藏自治区的城镇化率为62.80%和38.88%；与此同时，高原地区公路和铁路建设与交通运输也得到了迅速发展，青海省和西藏自治区公路通车里程分别达到 8.94 万 km 和 12.32 万 km，是新中国成立初期的 189 倍和 61.4 倍；著名的青藏铁路于 2006 年 7 月正式全线通车，中国铁路青藏集团有限公司管内铁路运营里程从 1959 年的 121 km 扩大到 2023 年的 4059.98 km，铁路运营里程增长超过 30 倍。"十四五"期间，随着拉（萨）林（芝）、拉（萨）日（喀则）、派（镇）墨（脱）、青藏高等级公路等，以及拉日、拉林和川藏电气化铁路等项目相继建成通车和开工，青藏高原的交通线路将步入新的发展阶段。随着经济的快速提升和交通线路的发展，高原地区的车辆保有量、车流量和行驶里程也快速增加。截至 2022 年和 2023 年，青海省和西藏自治区民用车辆拥有量分别为 150.3 万辆和 92.7 万辆，是 1990 年的 11.4 倍和 37.3 倍，青藏铁路的客货运量在开通后 15 年间增长了近 20 倍。近年来，机动车排放标准的提升和无铅汽油的广泛使用，以及新能源汽车和电气化铁路的引入，将会降低车辆能耗和污染物排放水平，但未来交通线路通车范围、里程和客货运量仍将持续增加。因此，青藏高原交通源污染范围和危害风险仍会持续增加。

4. 重大工程污染

重大工程污染指重大工程建设施工和运营过程中产生的污染。青藏高原铁路和大型水电站的建设和运营是具有代表性的重大工程。

铁路建设中产生的主要大气污染物包括土石方挖运中的粉尘、车辆行驶中的扬尘、各类机械排放的尾气以及施工营地各种燃烧烟尘等。施工扬尘在行车道两侧造成的大气总悬浮颗粒物浓度短期内可大大超过环境空气质量标准，但基本不会对下风向 200m 以外产生影响；施工机械废气中主要为二氧化碳、二氧化硫、烟尘等空气污染物，将导致以施工现场为中心的区域出现废气污染，短期内使环境空气质量下降。施工期的水污染主要包括营地排放的生活污水，主要污染物有氮和磷等营养性物质、悬浮物、动植物油脂等；混凝土搅拌、打桩等工艺过程产生的生产废水，主要是泥沙和少量机械产生的含油废水。通常固体悬浮颗粒物和pH超标等问题比较突出，但经严格的环境管理，对施工区环境的不利影响较小。此外，施工期间产生建筑废料和生活垃圾，但经集中收集和统一处理，对局地环境影响有限。运营期主要的污染物排放包括大气污染物、生活污水和固体垃圾等。青藏高原的铁路由于未能实现全面电气化，部分路线使用内燃机牵引，可产生大气污染物，但此类排放对当地环境影响有限；生活污水排放量较少，以青藏铁路为例，年污水化学需氧量（COD）排放量总计1.69 t（张建忠等，2016），相较于全国2000万t级别的排放微乎其微。尽管如此，生活污水的排放对部分承接水体造成一定的影响，如个别承纳污水的湿地中氮磷等营养成分的浓度升高。整体而言，排放的生活污水符合污水排放标准，对环境的影响通常是局地性的。固体垃圾主要包括沿线站点工作人员生活垃圾、旅客候车垃圾和列车生活垃圾，相较于全国每年处理固体垃圾总量，青藏高原铁路相关的垃圾总量微乎其微，且基本实现了减量化、资源化、无害化处理垃圾的要求，对沿线脆弱和敏感的生态环境未产生明显的影响。

大型水电站建设的主要污染物排放包括施工过程中产生的粉尘和施工机械排放的大气污染物、物料加工产生的废水和营地生活污水、工程弃渣和生活垃圾。施工期大气污染物排放的特点是施工区域瞬时浓度较高，但影响范围有限。当前施工过程中污水和固体废物的管理和处理措施较为完善，因此对局地环境的影响有限。而水电站的运行几乎不会产生污染物，主要的影响是库区和下游水质的变化。例如，因为迪庆藏族自治州梨园水电站（梨园水电站位于云南省丽江市玉龙纳西族自治县与迪庆藏族自治州香格里拉市交界）的拦截，高浓度的细粒度的颗粒Cr和Ni堆积在大坝前，形成了潜在生态风险较高的表层沉积物。另外，少量的研究表明，青藏高原水电站拦蓄作用会对河水理化性质造成显著影响，如氮磷等营养性成分的增加、下游河水泥沙量下降等。由于青藏高原整体人口较少、工农业污水排放有限，自然水体水质基本处于自然本底状态，还与水电站建设运行后采取了较为有效的环保措施有关，水电站运行区域的水质环境指标依然较好，运营过程中部分指标有向好趋势。

青藏高原自然生态环境脆弱，环境自净能力较弱、环境容量较低，对重大工程施工和运营的污染防控要求更高。青藏高原的重大工程密度低，但涉及较多生态敏感区，重大工程的施工和运行采用的环境保护目标要求较高。当前青藏高原已有的重大工程施工和运营中污染防控措施合理，对空气、水体和土壤等介质的环境质量未造成显著的不利影响。施工过程中的瞬时污染浓度极高，考虑到青藏高原施工环境、气候条件普遍比较恶劣，对施工人员的健康影响可能较低海拔地区更大。因此，如何发展绿色建造技术，减少瞬时排放和对施工人员的健康影响是青藏高原重大工程建设中面临的主要问题。整体而言，重大工程施工过程中产生的污染物对青藏高原全域的影响微乎其微，虽对局地环境产生一定的影响，但影响有限。

5. 室内污染

青藏高原农村地区居民烹饪和取暖所用的能源主要来自生物质燃料，这一类燃料具有低热值和成分复杂的特征。青藏高原气压低、氧气不足，炉灶设备落后，取暖和烹饪时生物质燃料发生不完全燃烧现象，导致大量颗粒物、环境持久性自由基（EPFRs）、二噁英（PCDD/Fs）、多氯萘（PCNs）、PAHs等污染物生成，加上室内通风不足造成污染物累积。同时，房屋生活区和厨房无墙体隔断，以及当地气候寒冷，导致当地居民较长期地暴露于高浓度的污染物中。青藏高原农村地区的研究多着眼于颗粒物的室内暴露，如西藏民居室内粒径为 0.43～1.1 μm 颗粒物上的 PAHs 在呼吸系统的沉积量中占最大的比例（陆晨刚等，2006），而其他各类 POPs 和新污染物的暴露水平尚未见报道，缺乏青藏高原等高寒地区污染物对人体健康的风险评估。该区域的室内污染控制措施的制定，应当综合考虑厨卧分离、推广沼气、更换炉具等方式。

青藏高原城市地区的液化气使用比例较高，但室内环境仍然存在气压较低和通风不足的情况，导致室内厨房中燃料不充分燃烧，CO和颗粒物的暴露量远高于室外环境和国家标准值。颗粒物中还存在高浓度的铜、锌、镉、砷、铅、铋等重金属或类金属元素，其中铜的暴露量能够达到室外的百倍以上，可能是液化气炉灶的铜制出气口在高温下损耗所致。

西藏寺庙中焚香为室内空气污染的主要来源之一。在具有代表性的寺庙之一——大昭寺的室内环境中，$PM_{1.0}$和$PM_{2.5}$的平均浓度分别为（435.0±309.5）μg/m³和（483.0±284.9）μg/m³。$PM_{2.5}$浓度超过国家环境空气质量标准（75 μg/m³）6.4倍。粗颗粒的质量比例为41.1%，明显高于低海拔地区，可能由青藏高原低氧环境的不完全燃烧所致。PAHs的总浓度为（331.2±60.3）ng/m³，其中苯并[a]芘（B[a]P）浓度为（18.5±4.3）ng/m³，比吸入颗粒PAHs致癌性1 ng/m³的最大允许风险值高出10倍以上（Cui et al., 2018）。铬和镍也超过了允许风险值。大昭寺燃烧的香可以释放出大量的一次颗粒物，成分复杂，大大降低了寺庙室内空气质量，对人体健康产生不利影响。因此，有必要对寺庙这一类特殊的室内环境做进一步研究，并制定与青藏高原宗教传统相关的健康风险公共政策。

总体来看，青藏高原人体健康的环境暴露主要是室内污染，其中关注度最高的是燃料不充分燃烧导致的PAHs污染，但是不完全燃烧过程中的其他有机污染物的生成情况还尚未可知。此外，青藏高原的强光照导致室外环境中存在较高浓度水平的O_3，对人体健康产生不容忽视的影响，其引起的健康效应值得受到更多的关注。

三、环境污染对生态安全屏障的影响

由人口和经济增长、矿产资源开发、农牧业发展、城镇化、旅游业发展、交通基础设施建设，以及周边地区工业污染物排放等人类活动导致的污染已经对青藏高原生态安全屏障产生诸多影响，具体如下。

人口和经济增长：20世纪50年代以来，青藏高原人口显著增多，生活水平不断提高，消费结构不断升级，拥有汽车和摩托车的数量均高于全国平均水平。90年代中期开始，西藏经济进入持续、快速发展期，至2019年，年均经济增长率在10%以上，从农业社会向非农业社会转型并未遵循传统的工业化模式，而呈现服务业主导的状态。国土开发强度随着人口和经济规模的不断增长而扩大，包括城镇村及工矿用地、交通运输用地以及水利设施用地在内的建设用地有不同程度增长。

矿产资源开发：在矿山资源开发过程中，由于以露天开采居多，地下开采相对较少，矿业活动直接影响面积较大。乱采滥挖、大矿小开、随意设置便道、随意倾倒矿渣和生活垃圾，导致原有地貌形态的改变和地表覆被的破坏以及水体污染等环境问题，增加土壤侵蚀、滑坡泥石流等次生灾害的风险。选矿过程中，主要存在选矿厂和尾矿库选址不合理、部分选矿厂邻河而建、部分尾矿库甚至建在作为流域汇水通道的沟谷中；环保设施未按规范要求设计、建设和运行；监测手段落后、体系不健全等问题。

农牧业发展：随着农牧业快速发展，各类地膜、化肥和农药使用量也在快速增加，牧区牲畜数量的持续增加对草地生态系统的影响主要表现为草地长期过度放牧、牧草生长发育受阻，进而导致局部草场出现退化。

城镇化：高原城镇化整体上进入快速增长时期，城镇数量增加和规模扩大都对环境起到了一定负面作用，主要表现在大气环境、水环境和固体废弃物三个方面。城镇生活污染、机动车污染和工业污染对西藏大气的污染最为显著，西藏农牧民生活污水处于漫地自然排放、自然净化的局面，其对水环境也产生了一定的负面影响。固体废弃物总量的增加和环境处理设施配备的不足，是当前西藏自治区城乡人居环境最突出的问题。生活垃圾裸露堆放或凹型地简易堆放已经成为西藏主要的污染源之一。

旅游业发展：2006年青藏铁路建成后，西藏旅游业步入快速发展期。旅游业带来的大量外来人口、旅游设施建设，以及大空间尺度的旅游活动已成为影响西藏环境的重要方面。游客的大量涌入增加了西藏生活污水和垃圾的排放量。水资源消耗、能源消耗、污染物的产生量在旅游旺季大幅增加。游客的区域性使得各种消耗和污染在空间上相对集中，易造成集中污染和破坏。游客沿途丢弃的废弃物收集难度大，不可降解的塑料制品、毒性电池等废弃物不断积累，对环境的影响日益突出。

交通基础设施建设：公路交通建设首先改变了土地覆被和土地利用的状态。随着公路和铁路通车里程的大幅增加，交通建设用地面积迅速增加。交通运输的发展也带来了汽车排放污染问题。汽车拥有量近年来增长速度很快，成为城镇主要空气污染源之一。由于对生态和冻土环境保护的理解不足，青藏公路建设引起了冻土环境变化、土地利用和陆表环境景观变化、沙漠化趋势扩大、诱发土壤侵蚀和冻融侵蚀、植被退化等问题，严重影响了生态和工程稳定性。

周边地区污染物排放传输：人类活动释放的污染物通过大气长距离传输而在全球分布，进而对全球环境产生污染和损害。青藏高原不同区域冰芯和湖芯记录表明，南亚、中亚排放污染物如黑碳、重金属等已经影响青藏高原的环境，黑碳的辐射强迫效应不但能加热大气引起全球升温，而且沉降到冰川后可降低冰川反照率、加速冰川融化。POPs已经被发现广泛地存在于青藏高原的各类环境介质中，南亚国家还在持续使用POPs，因此在季风的驱动下，高原还将不断地积累POPs，并最终产生生态风险。此外，随着全球变暖影响下冰川的快速消融，POPs的二次释放还将对海拔高的地区和发源于青藏高原的流域下游的生态系统构成威胁。

综上所述，青藏高原环境污染具有其独特性，高原环境主要受污染物随大气环流跨境传输和原生地质基岩释放污染物的双重影响。跨境传输及局地源排放的黑碳气溶胶加剧气候变暖和冰川缩减等已成为影响区域水资源和气候环境变化的突出环境问题。高原原生地质基岩中含有较高的砷、氟和硒等元素，其在地表风化和迁移过程中随河流径流、大气传输及热泉释放等导致局地环境本底值超出环境限定值，造成由原生地质环境引发的水土气污染。传统生活方式和习俗等，如牛粪柴薪燃烧和开放式炉具使用、祭祀活动和藏药服用等成为当地居民环境污染暴露的重要途径和因素。农业面源污染在河湟谷地和"一江两河"等人口聚集区对河流水体和土壤环境造成一定扰动，化肥施用和农业大面积推广导致氮磷、有机物和微塑料污染等显现端倪。在交通污染方面，主要公路及铁路沿线路侧被发现存在不同程度的重金属富集。在海拔高、空气稀薄环境中，车辆单位能耗水平和相应污染物排放量高于全国均值。但由于总体交通路网密度及车流量相对我国其他人口密集区较低，交通源污染总体水平仍然处于全国较低水平。重大工程如交通路网、输油管线、矿业开采和大型水电站等对局地地质地貌环境的改变造成了环境本底的变化。例如，高原水电站拦蓄会对河水理化性质造成显著影响，如氮磷等营养性成分的增加、下游河水泥沙量下降等。

第二节 青藏高原环境污染风险与防控的重大科技需求

青藏高原是重要的国家生态安全屏障，保护好青藏高原生态环境事关中华民族生存和长远发展，而生态环境科学研究网络和监测体系是生态环境保护工作的重要基础。只有生态环境监测数据全面、准确、客观、真实，才能确保青藏高原生态环境保护工作沿着正确的方向前进，并取得成效。构建政府主导、部门协同、企业履责、社会参与、公众监督的生态环境监测格局，准确掌握、客观评价青藏高原生态环境质量总体状况，使生态环境监测能力与生态文明建设要求相适应，是生态环境监测的长期目标和必然要求。基于青藏高原生态环境保护的需求和科技发展态势，建议加强完善现代化的监测体系，优化布局，建立共享平台，加强监测预报预警，促进国内外地区合作和交流。

一、建立完善的现代化生态环境监测体系

整合优化环境质量监测点位空间布局，建设涵盖大气、水、土壤、辐射、生物等要素，布局合理、功能完善的环境质量监测网络，补齐臭氧、水生态、温室气体等监测短板，实现环境质量、生态质量、污染源监测全覆盖；健全生态环境监测法律法规，结合青藏高原实际特点，制定出台更加严格的地方标准；推进环境监测新技术和新方法研究，提高生态环境监测技术体系；按照统一的标准规范开展监测和评价，客观、准确反映环境质量状况；针对高原特殊的自然条件，如气压低、温度低等，研究制定生态环境监测专用仪器检定规程/校准规范，使其在青藏高原高寒地区的适用性得到保证；加强土壤中持久性、生物富集性和对人体健康危害大的新污染物要素的监测；组织开展长江源、黄河源等重点流域水生态调查监测与评价，适当增加监测断面；加快研究建立适应青藏高原实际情况的水生态监测评价技术体系；推进卫星与无人机遥感技术在生态环境监测等方面的应用，通过无人机遥感监测和地面生态监测，探索土壤环境遥感监测、面源污染遥感监测、固体废物遥感监测、生态保护红线监管等工作，实现对重要生态功能区、自然保护区等大范围、全天候监测；加强温室气体（二氧化碳、甲烷和氢氟碳化物等）监

测技术研究，开展温室气体卫星遥感监测与评估，为建设青藏高原碳中和示范区提供数据支撑。

二、提升高原生态环境污染和风险评估防控的基础研究能力

由于区域特殊性，青藏高原的野外调查、监测观测方法、模式模拟技术等都不能照搬其他地区的研究技术方法和手段。虽然在高原地区已部署开展了不少基础调查研究，取得了一些有重要价值的科研成果，但是前期在污染源类型、污染物种类、研究区域和时段等方面的研究仍较为有限，针对高原生态环境中很多气态污染物和新污染物，对其污染特征、空间分布规律、历史变化趋势、未来变化态势、主要驱动因素等的认识仍然有限。由于高原特殊的自然环境，一些研究手段因供电、低温等环境因素限制而无法使用，需要研究新的技术方法；需要结合传统污染物和新污染物的常规和强化监测网络，克服传统大气传输模式在高原地区的模拟结果的高不确定性，加强对区域气象等特征的研究和描述，准确刻画区域特殊的污染物地球化学过程，建立新的地球系统模式；需要构建新的高原环境污染风险防控新思路和新方法，系统地全面研究和认识高原环境污染风险，为建立科学防控体系和政策提供科技支撑。

三、建立开放共享的区域生态环境质量和风险评估的平台

构建基于现代感知技术和大数据技术的生态环境监测网络，以遥感、5G、云计算、大数据、人工智能等信息技术为支撑，开展"空–天–地–网"监测工作，建成生态网络感知系统，实现对自然资源与生态状况的全面监督管理、动态监测、综合评估等；对青藏高原自然灾害进行全面系统的考察，调查青藏高原历史上发生的主要自然灾害类型，完善

灾害规模、频率、成因、性质等属性特征；补充成灾环境（水文、生态、气候、地质、地形、社会经济等）的基础资料及多源、多种分辨率的遥感数据，建立一套较为完整的青藏高原自然灾害基础数据库；加快推进青藏高原生态环境监测大数据平台建设与全国监测数据集成共享，加强生态环境监测数据资源开发与应用，开展大数据关联分析，为生态环境保护决策、管理和执法提供数据支持，实现生态环境监测与监管有效联动。

四、发展适用于高原地区环境污染和风险防控的工程技术和方法

青藏高原的自然灾害和人为源导致的区域性污染类型多样，分布广泛，且很多污染风险和危害有加重或并未得到有效控制的趋势，对当地社会经济发展和人类生命健康构成巨大威胁。科技支撑高原环境污染风险防控的需求中，除了建立和完善科学监测网络，提升基础研究水平，获得基础数据、污染特征和风险认知外，还需要根据高原地区特征建立和发展适宜的工程技术，结合环境污染和风险的特征、规律、趋势，充分考虑区域社会经济发展实际情况、国家重大工程和国家安全需求，提出切实可行的目标，确定风险干预、控制和防范的生态系统工程方法、规模、技术路线等。

五、加强区域生态环境质量变化、风险动态评估和防控的预报预警系统

提升生态环境风险监测预报与预警能力，研发基于空-天-地观测大数据和人工智能技术支持的可视化预警系统，强化污染源追踪与解析；对重要生态功能区跨境污染物输入、生态破坏等活动进行监测、评估与

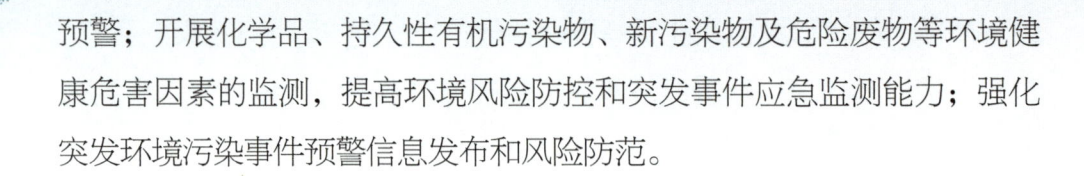

预警；开展化学品、持久性有机污染物、新污染物及危险废物等环境健康危害因素的监测，提高环境风险防控和突发事件应急监测能力；强化突发环境污染事件预警信息发布和风险防范。

六、拓宽青藏高原生态环境污染风险及防控的国内外地区和国际交流与合作

加强与国际组织及周边国家相关的国际合作，讲好我国在青藏高原生态环境保护方面的故事，展示我国所作出的努力和未来需求，提升我国在生态环境监测领域的影响力；推进三极协同监测研究，服务生态文明高地和人类命运共同体建设；主动搭建交流窗口，积极探索与周边国家在生态环境监测（特别是跨境污染物）的相关研究与合作机遇，评估青藏高原生态环境变化的广域效应，有针对性地提出科学对策和方案，务实推动环境外交。

第三节　青藏高原环境污染风险与防控的战略重点

一、构建野外观测技术规范、标准与方法

野外监测获取连续环境变化信息，为深入理解环境变化规律和预判环境发展方向提供数据支撑。野外站是获取连续监测数据的科技基础条件平台，是主导和引领我国环境领域建设和发展的基础。监测网络化可以解决单一野外站不能明确的科学规律，依靠网络层面的研究实现空间尺度的拓展，解决宏观尺度的环境问题。

围绕高寒生态系统，中国科学院组织了院内所属的 20 余个野外站（点），并通过与国内外其他野外站联合组建了"高寒区地表过程与环境观测研究网络"（简称高寒网），开展了青藏高原及周边地区大气边界层过程、冰川–湖泊变化、高寒生态系统观测等研究，建立了数据信息开放共享系统。通过凝练科学问题、整合监测资源、统一观测手段、完善观测能力、提高观测水平，为揭示高寒区的区域环境污染机理提供了数据支持，为实现高寒区地表过程与环境变化的长期连续监测、定量化辨识人类活动在全球变化中的作用、促进经济社会的可持续发展等提供平台支撑。

青藏高原具有面积广、海拔高差大、气候和地形地貌复杂、生态环境脆弱以及人类活动影响日益增强等特征。监测点位不足、监测资料不系统、监测标准不统一和共享机制缺失，成为理解青藏高原环境变化规律和机制、建立青藏高原环境质量评价标准、提出青藏高原环境治理与保护对策的主要障碍。此外，对一些环境变化敏感区和重点区缺乏有效连续监测。因此，亟须强化野外监测网络化建设，以现有观测网络（如高寒网、地方和高校野外台站）为基础，构建和优化由站点–断面–网络观测、无人机–遥感立体化观测相结合的涵盖泛第三极地区的设施布局，实现多时空尺度的长期连续监测，对多种环境污染物的迁移过程进行多尺度协同观测，以显著提升野外观测和实验研究的综合能力，不断提高野外观测网络在解决环境污染防控等方面的科学问题和满足国家重大需求方面的核心竞争能力。首先，针对国家尺度或大区域尺度的科学和需求问题，强化野外观测网络层面的顶层设计，优化野外站环境污染监测网络的整体布局和融合。一方面，需要推动专项观测网络与综合观测网络的融合，力争更多地利用综合观测网络的野外站来进行专项观测；同时，扩展专项观测网络野外站的功能，将其逐步建设成为综合观测网络的野外站。另一方面，根据综合观测网络、专项观测网络的科学和目标发展的需求，促进综合观测网络、专项观测网络建设，逐步调整和优化布局，强化建制化优势，增强体系化运行能力。其次，进一步明确监测主体，完善和拓展关键环境污染问题的监测网络系统，深入开展具有明确科学问题和重大需求的联网观测研究。在观测现有指标的基础上，观测网络需要进一步涵盖水－土－气－生系统中其他污染物，并伴随污染物排放和污染特征的不断变化，加快新兴污染物的准确识别。通过多站、多场地的协同联网观测，完善水环境自动监测网络，覆盖重点断面；在区域大气本底观测研究网络的基础上，加强大气污染物自动监测网络建设，提升预警预报能力，构建空－天－地一体化的环境监测系统；建设完善的污染源监控网络，提升无人机监测能力。此外，加强野外监测网络运行保障能力建设，改善野外站网络监测的科研环境。由于泛第三极地区环境条件相对恶劣，野外站网络监测面临诸多困难，制约了长期、连续的定位观测。为了重点建设基于顶层设计的野外重点科技基础设施，使之成为多学科交叉的野外研究平台，今后需要持续、稳定地加强保障能力建设，为野外站高质量的环境污染监测创造良好的外部条件。

野外观测技术规范、标准制定与新方法构建不仅影响野外站环境污染监测网络的规范化管理，而且直接关系到跨区域环境污染治理措施的制定和实施，因此，亟待建立完善的环境污染物观测标准和方法。一方面，针对野外监测指标、标准与规范及其技术方法，开展长期动态监测数据的质量控制方法和数据管理关键技术研究，进而推动野外站长期监测数据的整合和分析、历史数据整理挖掘与数据分析，形成统一的观测标准和规范。另一方面，重视观测数据质量，推动数据共享。观测数据质量是野外站的生命线，野外观测环境、观测仪器设备、数据传输条件和观测人员素质等是保障观测数据质量的基础，要形成体系化的培训、管理和运行机制。着力开展观测（监测）新技术和新方法，以及分析方法研究、模型构建、数据同化、历史数据挖掘等研究。科学数据共享是解决跨区域环境污染联合防控的关键途径，而数据共享首要解决的问题是数据共享政策、法规、机制与标准体系的研究与建立，其中标准体系建设是关键。此外，需要继续开展信息化能力建设以及野外站信息化应用，应继续加强与行业部门、地方政府和高等院校野外台站的合作，解决野外观测长期存在的数据获取、自动传输、大数据分析、智能分析、管理决策和可视化平台等方面的技术瓶颈，实现从野外观测数据自动获取到信息综合集成、从小型局域网到综合性网络平台、从提供简单数据服务到云计算模拟平台的重点突破。

二、建立高寒区域环境评价标准，开发环境污染预警体系平台

国务院印发的《青藏高原区域生态建设与环境保护规划（2011—2030年）》在现有生态建设和环境保护的基础上，提出了"生态优先"和"空间优化"的保护战略，构建了环境功能区划的空间管理框架和生态环境保护的长效机制，明确了加强环境污染防治、提高生态环境监管和科研能力、加强生态保护与建设、发展环境友好型产业四大任务。其中，环境污染防治是制约自然、社会和经济可持续发展的关键，而环境污染评价标准的建立和优化对有效的污染管控至关重要。

截至2021年11月，现行国家生态环境标准总数已达到2202项，其中，生态环境质量标准16项、生态环境风险管控标准2项、污染物排放标准183项、生态环境监测标准1283项、生态环境基础标准49项、生态环境管理技术规范669项，可见，我国生态环境质量标准体系越来越完善。目前，青藏高原已陆续出台了一些地区标准，如国家林业和草原局发布的包含气象、大气环境、土壤、水文和生物学指标在内的一套青藏高原高寒荒漠生态系统定位观测指标体系；青海省制定了《气候变化对高寒生态环境影响指标》的地方标准，以评估气候变化对河流流量在时间和空间上的变化趋势和幅度的影响。但是，基于现有的环境污染评

价指标，青藏高原仍然缺乏统一的、全面的环境污染评价标准。因此，未来需要建立和优化高寒区环境污染评价标准，提出污染物有效防控的管理办法。

建立环境污染评价标准应当遵循合法合规、体系协调、科学可行、程序规范等原则，在保证评价标准的科学性、合理性、普遍适用性的前提下提高便捷性，易于推广使用。人类活动对青藏高原环境的负面影响主要是由人口和经济增长、城镇化、农牧业发展、矿产资源开发、交通基础设施建设、旅游业发展，以及周边地区工业污染物排放等引起的。近年来，随着全球气候变化和人类活动影响的加剧，许多污染物包括黑碳、重金属、微塑料和持久性有机污染物等能够通过大气远距离传输在青藏高原大气、水土和冰川等环境中积累，对环境和人类健康产生不可预估的风险。但是，由于综合环境评价标准的不完善，污染物的生态环境效应有待进一步明确，因此要加快建立及完善基于整个青藏高原甚至泛第三极地区的环境评价标准体系。针对青藏高原复杂的气候和地理要素、日益增加的资源开发和利用以及跨境污染物的输入，建立环境污染评价标准时应充分考虑青藏高原的综合自然区划、污染物的种类、环境背景和环境基准，以及环境风险评估的研究进展，同时针对环境质量特征的演变，建立科学、合理和可推广的青藏高原区/泛第三极地区环境评价标准。污染物环境评价标准实施过程中，还应当关注普遍反映的问题，重点评估标准规定内容的执行情况，从而优化污染物的环境评价标准。

目前，青藏高原的环境污染预警平台主要是针对特定的污染场地或地区，未形成大区域尺度的环境污染综合预警平台，而且现有环境污染预警系统中污染指标单一，缺乏可复制和易推广的区域污染物立体监测预警业务化体系。因此，亟须建立适宜于青藏高原气候与生态环境监测、预测、评估和预警的综合体系与决策支持信息管理平台。基于青藏高原建立的长期定位生态环境监测网络，通过调查污染物的环境风险、筛选预警因子、识别风险单元、分析风险影响范围等，运用互联网技术与国家环境保护生态背景数据网络平台联网，实施数据信息共享，全面构建青藏高原及其周边地区污染源和空气质量在线监测预警体系与实时监控平台。同时，研究制定青藏高原环境质量评估指标体系，科学监测和合理评估环境污染物的动态演变规律，加强环境质量监测预报预警；重点提高空气质量预报和污染预警水平，强化污染源的追踪与解析，加强源头区、水源涵养区、水源地等重要水体区域的水质监测和预报预警，加强土壤中持久性、生物富集性和对人体健康危害大的污染物监测，提高辐射自动监测预警能力；利用网络视频和模型预测技术，开展生态系统健康诊断与预测评估，对青藏高原实施动态监测与中长期预警，定期发布生态安全预警信息，实现生态环境健康网络诊断与安全预警服务。

三、研发和推广高寒环境污染防控和环境修复技术

（一）气候变化适应技术

全球性的气候变化导致青藏高原冰川加速融化，使得原本沉积至积雪和冰川中的传统POPs[如滴滴涕（DDT）、六氯环己烷（HCH）等]和重金属Hg等污染物，重新释放进入当地环境中，对当地农牧生态系统造成生态风险（Wang X et al.，2019；Sun R et al.，2020）。温度上升也使青藏高原的多年冻土发生不同程度的融化，对大型道路和工程建设产生严重影响，进而对区域环境产生潜在或直接的破坏作用。青藏高原气候变暖速度是全球平均水平的2倍（Zhang et al.，2015），高山冰川比极地冰川对气候的变化更敏感（Yao et al.，2019）；同时，青藏高原经济和城镇化高速发展，碳排放总量上升（Shan et al.，2017）。因此，需要建立及扩大监测网络以跟踪青藏高原的环境问题（Gao et al.，2019），落实当地的碳减排行动计划（Wang C et al.，2019）。探索碳捕集与封存技术减

少温室气体排放，推广绿色建筑和城市规划以提高城市气候韧性。

《西藏自治区国民经济和社会发展第十四个五年规划和二〇三五年远景目标纲要》为西藏地区碳减排提出了指导意见，未来五年，要加快西藏清洁能源规模化开发，形成以清洁能源为主、油气和其他新能源互补的综合能源体系。在青藏高原的二氧化碳排放中，工业能源消耗为地区排放的最主要来源（党牛等，2024），发展清洁能源，增加新能源汽车在公路运输中的占比，为青藏高原的碳减排提供助力。为此应加快建设充足的新能源汽车能量供给点。G318成都至拉萨段共设立了十几座充电站，正式打通了成都至拉萨的充电路线。这些措施和技术的推广可同时为污染防控和治理提供益处。

（二）城镇化环境治理

随着青藏高原城镇化进程不断加快，城乡垃圾产生增速较快，环境隐患日益突出，城乡垃圾治理刻不容缓。减量化、无害化、资源化、产业化是垃圾治理的目标。垃圾分类是实现垃圾资源化的最有效途径，能够减少垃圾总量、节约资金、减轻末端处理压力，缓解"垃圾围城"的局面。为加强对城镇生活垃圾的建设管理，地区政府和相关部门制定了生活垃圾处理的管理办法，加大城镇生活垃圾无害化处理设施建设力度，提升运营管理水平和处理能力，提高生活垃圾无害化处理水平，改善城乡环境；健全完善城镇生活垃圾处理设施建设与运行监管、监督检查工作体系；生活垃圾分类工作离不开群众的理解支持和社会的广泛参与，需增强市民环保意识，加大生活垃圾分类宣传；学习已实行垃圾分类地区的宣传和管理经验，制定生活垃圾分类奖惩办法，完善生活垃圾分类工作责任机制；积极推进生活垃圾分类示范教育基地建设，对先行试点部门开展生活垃圾分类工作评估考核，树立生活垃圾分类工作先进典型，并作为示范教育基地，引导生活垃圾分类工作更好更快地开展。

同时，随着青藏高原城镇化率提高，各种新材料在日常生活中广泛应用，各类固体废弃物与日俱增，成分越来越复杂，当地生态环境面临来自新污染物的风险。青藏高原受到高寒低压影响，存在固废处理技术单一、资源化利用程度低、无害化处理效率低、环境二次污染明显等问题。因此，需要分析归纳高寒高海拔人群聚集区多源固废污染物及其迁移特征，推动该类地区固废治理的基础理论发展，制定符合缺氧环境下固体废弃物的处置策略，设计建造适宜低氧环境下的垃圾焚烧装置；探索切合青藏高原实际的生活垃圾处理方式，解决部分偏远乡镇生活垃圾处理困难问题，开展小型生活垃圾焚烧实验研究工作，探索适合地区实际的垃圾处理方式。拉萨市率先建成了垃圾焚烧发电厂并已投产。

（三）旅游产业环境管理

西藏旅游资源丰富，形成了以拉萨为中心、辐射全西藏的旅游资源开发利用格局。旅游业已成为西藏自治区的支柱性产业，但旅游垃圾产量也逐年增加，旅游垃圾分布空间越来越广，成分越来越复杂，旅游垃圾污染周边环境和影响区域景观的问题已受到社会广泛关注，也是西藏旅游业健康持续发展的瓶颈，西藏旅游垃圾合理有效处理和处置已经刻不容缓。其中，旅游业带来的塑料橡胶类垃圾越来越多，该类垃圾使青藏高原的生态环境面临新污染物的风险。

西藏城镇区域的旅游垃圾基本能够集中处置，但是偏远旅游景区垃圾收集后在就近周边区域填埋或随意丢弃到沟壑或随地露天焚烧，有些景区垃圾根本没有集中收集和运输设施；垃圾随地堆置或者到处丢弃而导致旅游垃圾难以集中无害化处置，成为目前西藏旅游垃圾影响区域景观和污染周边环境的主要问题。

基于上述西藏旅游垃圾处理处置方面存在的问题，建议政府及相关职能部门制定旅游垃圾管理有关法规和制度，完善旅游垃圾处理处置设施建设，规范旅游垃圾有关设施运行和监管制度，加强旅游运营相关主体和游客的环保职责及文明旅游教育，科学处理西藏旅游垃圾问题，保障西藏天蓝地绿水清的旅游环境。要想从根本上解决旅游垃圾问题，首先需要创新现有的旅游垃圾处理模式。建议旅游景区加强垃圾收集和暂存设施建设，并将旅游景区产生的垃圾集中收集并有效储存在垃圾暂存间内。同时，景区运营单位需购置带有烟气净化装置的小型垃圾焚烧炉，由相关部门组织集中培训，旅游景区运营企业或相关部门安排专人接受统一培训。当暂存间旅游垃圾达到一定规模时，由专人按照操作规程用小型垃圾焚烧炉进行高温密闭焚烧，对产生的烟气进行配套设施净化后达标排放。这样垃圾在高温焚烧的瞬间完全消化掉，尤其是垃圾中难降解的塑料、橡胶和纺织物类，完全可以被焚烧毁灭，烟气达标排放，焚烧瞬间将垃圾完全从环境中消除，具有良好的远期环境效益，有待相关部门进一步论证并开展工程示范，成功后进一步推广使用，以期使西藏旅游垃圾实现最大限度的减量化和无害化。

（四）公路交通环境污染防控

公路是青藏高原的主要交通通道，旅客、汽车驾驶员等流动人员，以及公路沿线兵站、养路工区、饭店、修理店和加油站等固定场所的常驻人员，使得青藏高原公路产生的垃圾数量十分惊人。少量垃圾会被驾乘人员随手扔到沿线公路两侧，大部分都被集中倾倒在聚集了大量饭店、修理店和加油站等服务场所的所在地。大量的生活垃圾随意倾倒在公路旁形成巨大的垃圾带。由于公路途经地区人烟稀少、面积大，地方政府的环卫管理职能部门大多鞭长莫及，公路沿线环境卫生管理出现脱节现象，致使沿线特别是主要站点垃圾污染日趋恶化。降水渗过垃圾后会产生具有较强污染性质的渗滤液，导致水、土环境受到污染，青藏高原公路的沿途多为长江、黄河、澜沧江、怒江和雅鲁藏布江的源头区，危害性更大。随意堆放的垃圾在降解过程中产生的污染气体对局部空气环境的影响也较大。为进一步加强公路交通环境污染防控，可从以下几方面进行政策推广和技术研发。

1. 加强公众环境卫生宣传教育

针对流动人员，有关部门应加强环境卫生的宣传和教育，鼓励与敦促人们将旅途中产生的垃圾定点投放，不得沿途乱扔。针对常驻人员，有关部门应通过宣传教育培养其爱护生活环境的良好意识，杜绝乱扔乱倒垃圾的不良行为。

2. 加强沿线环境卫生的管理

在公路沿线站点确定相对固定的环境卫生责任单位，由地方政府相关部门授权其对所在地公路沿线的环境卫生进行管理，避免出现环境卫生管理盲区。

3. 推行"污染者付费"制度

由于公路沿线的各类服务场所是站点垃圾的主要产生源。根据"污染者付费"原则，推行垃圾收费制度，由当地环境卫生责任单位根据垃圾处理和管理成本并结合营业场所规模以及常住人口数量定期收取。

4. 实行站点垃圾临时集中堆放、定期清运制度

在每个公路沿线站点建设一个一定规模的垃圾临时堆放场，堆放场地需进行防渗处理，并在四周建铁丝网等防飞散设施以防止塑料袋等随风飞扬。待堆放垃圾达到一定数量后再用封闭式车辆将其运到具有垃圾处理设施的城市进行无害化处理。

（五）采矿环境监管与治理

西藏是国家重要的战略资源储备基地，铬铁矿、盐湖锂矿资源远景及高温地热储量列全国第一位。矿山开采会污染地表水环境。废水主要来自矿山建设和生产过程中的矿坑排水、选矿过程中加入有机和无机药

剂而形成的尾矿水，以及由于雨水淋滤、溶解作用使露天矿、废石堆场、尾矿库中矿物的可溶成分释放形成的废水。矿床的开采将地下一定深度的矿物暴露于地表环境，致使矿物的化学组成和物理状态改变，加大了金属污染物向环境的释放通量。采矿废石和尾矿中含有一定量的硫化物，由于氧化作用，暴露于大气中的硫化物矿物氧化形成酸性矿山排水，导致金属的释放速度远大于自然的风化过程。西藏自治区普遍降水量不是很大，但降水次数多，雨水淋滤形成的污染不可忽视。

进行矿山建设开发时应始终坚持生态优先、保护优先的原则，需要做好生态保护红线的合理划定，加强矿山生态环境管理工作，严格执行矿山环境影响评价制度，矿山环境评价过程提出的各项生态环境保护和恢复措施应予以落实。做好矿山废水收集处理措施，由于原矿堆场、废石堆场在降雨的情况下均可能产生淋溶水，对地表水产生污染，因此要求在原矿堆场、废石堆场均做好截水沟、排水沟和集水池的建设，将收集到的堆场淋溶水进行回用或者水处理。青藏高原的采矿活动中，需重点研发创新的环境友好型采矿技术，包括高效废水处理系统以净化矿坑排水，以及特殊耐寒植被用于生态修复。同时，探索适应高寒环境的尾矿管理技术。此外，建立智能环境监测技术，开发先进采矿区域土地环境修复技术，以实现对采矿影响的精准监控和快速响应及有效修复。

（六）农业现代化与污染防控

青藏高原农业现代化水平不足，化肥和农药的施用采取粗放式的农业生产方式，该地区主要的农业污染来自农药和化肥的施用、流失产生的污染，以及农作物秸秆、地膜使用产生的污染。农药和化肥施用以后，很大一部分损失在环境中，形成了重要的污染面源。在整个农业生产中，农药和化肥利用率很低，因此应采取科学的方法提高农药和化肥的利用率，减少农药和化肥对环境的污染。秸秆大多是采用焚烧的办法进行处理，特别是刚收割的秸秆尚未干透，在低氧环境中，经不完全燃烧会产生大量的氮氧化物、二氧化硫、碳氢化合物及烟尘，在青藏高原强紫外光照的作用下还可产生二次污染物。

建议对农牧民加强环境保护科学知识的宣传，传授科学的施肥用药方法，提高农牧民的环保意识，减少盲目施用化肥及农药，提倡使用与有机肥相结合的施肥方法，减少农药施用量。利用生物防治的办法，对化肥、农药等农用产品进行高寒缺氧环境下的转化评估，推广使用经过成熟评估的农用产品。研发具有地域特色的测土配方施肥技术，测土配方施肥技术是控制农业污染、发展环境友好型农业的重要举措。首先在区域范围内进行土壤调查，取土化验，了解土地基本养分情况，然后根据田间实验，形成不同农作物的施肥配方，建立起区域测土配方数据资源信息库，充分达到科学合理施肥的目的。发展生态农业是防控污染最有效的农业发展方式，结合西藏区域特点，发展农-牧-沼循环的经济发展方式，把农业生产中的秸秆加工成饲料喂养牲畜，利用牲畜所排出的粪便及生产生活垃圾制造沼气，沼气余物再返回农田，形成一个完整的循环链。

四、建立国际环境污染防控区域合作平台

青藏高原多圈层之间具有错综复杂的相互作用，对周边区域乃至全球生态环境都具有深刻影响。青藏高原周边区域的环境污染物（如黑碳、重金属和POPs等）可通过长距离传输进入青藏高原，对高原脆弱的生态环境产生影响。研究表明，某些污染物的跨境传输（来自南亚和东南亚）对青藏高原环境污染具有较大影响（康世昌等，2019）。我国已经在青藏高原建立了较为完备的环境监测体系，组建了高寒区地表过程与环境观

测研究网络，实现了对青藏高原环境变化过程的连续监测（中华人民共和国国务院新闻办公室，2018）。但位于青藏高原周边的尼泊尔、印度、不丹、巴基斯坦、塔吉克斯坦等南亚和中亚国家，在生态环境保护领域的研究相对滞后。要解决青藏高原环境污染问题仅靠我国的努力是不够的，只有通过多边的国际合作才能有效监测、控制、减少，甚至消除青藏高原环境污染问题。

青藏高原环境污染防控国际合作还处于初级阶段，仍然存在着一些有待解决的关键问题。例如，没有成立青藏高原环境污染合作的专门机构，没有一套统一的高原环境保护法律法规体系，这对于青藏高原环境污染物防控是十分不利的。另外，青藏高原周边各国由于政治、经济等因素，在对青藏高原环境保护的认识上存在差异，也阻碍着区域合作的进程。

虽然我国与青藏高原周边地区开展了广泛的国际环境合作，但到目前为止这些合作大多仅限于科研机构和科研人员之间的科教合作，尚未形成政府间的国际合作，缺乏具有法律效力的公约、文件。由于各国对青藏高原环境污染存在着不同的利害关系，设定政府间具体的合作计划、促进实质性的合作困难重重。另外，不同国家对青藏高原环境污染问题的意识和监督体系不同，各国防治环境污染的科技水平也有差异，环境污染的测定方法和标准也不通用，阻碍了青藏高原环境污染防治的国际合作。

青藏高原环境污染防控的国际合作会受到政治、经济因素的直接影响。青藏高原周边国家发展不平衡，相关国家基本国情、资源环境、社会经济、政策法规等各不相同。各国对待青藏高原环境问题的态度差异很大程度上是由各国的经济发展水平不同而引起的。在青藏高原周边国家和地区中，我国在经济上处于领先地位，对青藏高原环境问题的关心程度和在政策上的比重显著高于其他国家，而其他周边国家在青藏高原环境保护问题上很难达成一致意见。另外，部分国家和地区间的领土争端等政治问题也成为青藏高原环境污染防控合作的阻碍因素。

在"一带一路"倡议下，青藏高原环境污染防控迫切需要加强国际合作，建立开放性、国际性的多边合作平台，并最终实现多区域协同治理。除了充分利用各国科技资源，开展科研合作，共同解决重大科学问题外，通过外交手段促进青藏高原的国际法律体系和公约建设也是国际合作的必然趋势。要充分发挥我国的科技力量，在青藏高原环境污染防控中起到主导作用，引领周边国家建设协同创新平台，开展科技支撑计划，推动国际合作朝着更深更广的领域迈进。

1. 建立污染物跨境传输的监测平台

针对污染物的跨境传输，建立国际大尺度、多中心的环境污染监测网络，构建跨区域的环境风险预警系统。扶持和技术支撑青藏高原国家及其周边国家在重点区域，如人类活动密集区、工程建设区、自然灾害多发区等建设环境污染监测站点，形成覆盖度高的环境污染监测预警网络，对大气颗粒物和传统污染物等开展常态化监测。针对青藏高原及周边地区山体滑坡、泥石流、森林火灾等自然灾害以及极端气候事件，开展其对青藏高原的环境影响评价，共同制定风险防范方案，推进青藏高原环境污染治理的国际化。

2. 建设农牧产品污染物采样网络

农牧产品能够反映本地区的环境污染水平，相比于架设专业采样设备具有更低的成本和可操作性。在周边国家建设农牧产品采样网络，通过农牧产品的采样，可以监测历史污染物暴露量，跟踪环境污染水平的时间变化趋势。同时，建立新型污染物的筛查平台，定期进行新污染物筛查，防控未知和不确定风险。

3. 开发和引进垃圾回收与废弃物处置技术

建立电子垃圾、资源型垃圾的回收网络，将重点固体废弃物输出至合理区域进行处置，在点源区域开发或引进先进污染处置技术；开展污水治理、废弃物资源化利用、重金属污染防治等关键技术的推广。

4. 建立环境污染数据共享平台

建立青藏高原环境污染国际大数据中心，促进青藏高原及周边地区污染数据共享，为揭示青藏高原地区环境变化过程与机制及周边地区环境变化的影响提供科学依据，提高青藏高原环境污染的预警和响应能力。

5. 组织国际论坛和培训

定期举办青藏高原环境污染防控学术论坛，组织各国专家商讨青藏高原环境风险，并及时制定防治策略；举办国际培训班，培养青藏高原环境污染防控的国际科技人才；通过讲座课程、实验室参观、野外考察等方式，开展最前沿的研究方法和技术培训，让更多专业人员投入青藏高原环境保护事业。

6. 促成法律文件和公约的形成

参照成熟的国际合作文件，通过多边谈判制定针对青藏高原环境污染防控的国际法律文件，形成共同治理模式；通过外交手段推动有关青藏高原环境保护的国际法规条例制定，加快推进重点地区和重点污染物的国际立法进程；牵头青藏高原环境污染防控技术导则修订，推动污染物在区域间的协同控制，引导多方共同参与青藏高原的环境保护和治理。

第七章

科技支撑青藏高原生态屏障区建设的战略保障

第一节　落实青藏高原生态环境保护法

目前我国正在制定有关青藏高原生态环境保护的法律。青藏高原生态环境保护立法中，要特别关注对亚洲水塔和生态屏障的保护，为我国生态文明高地建设服务，为亚洲生态文明命运共同体建设服务。第一是确立青藏高原生态环境保护立法原则。从科学的角度来看，一要体现亚洲水塔和生态屏障保护的多元化投入机制和体现生态文明高地的生态产品与服务价值；二要体现亚洲水塔和生态屏障保护补偿机制的法律保障；三要体现亚洲水塔和生态屏障保护责任的法律义务和权利；四要体现地球系统的冰冻圈、水圈、生物圈、大气圈、岩石圈、人类圈多圈层协同管理机制。第二是加强水资源可持续保护与管理能力的立法，为我国水安全提供法律保障。第三是加强抗御和规避灾害风险能力的立法，为减缓生态屏障优化的灾害风险建立法律框架。第四是加强以国家公园群为主体的自然保护地体系化建设的立法，构建法律保障和约束下的自然保护地体系。第五是加强以冰为核心的山水林田湖草沙冰保护立法，建立青藏高原地球系统过程协同保护与管理的新范式。

第二节　加大科技研发投入力度

青藏高原生态屏障区建设需要综合考虑气候变化、生态环境、水资源、生物多样性等诸多因素，同时应与西部其他地区的生态屏障区建设协调统一，避免矛盾冲突，找出不同领域发展的平衡点及和谐统一发展的最优规划路径，服务于地区及整个西部生态屏障区建设。青藏高原生态屏障区建设是一个当代建设、福佑后人的工程，需要持续稳定的、科学的、可持续的政策保障。科学问题研究、工程措施实施等诸多基础研究都需要大量、持续的投入，保障科学研究的连续性。

此外，应持续加强以国家财政为主的科技研发投入，继续实施以第二次青藏高原综合科学考察研究等专项为代表的国家科技专项投入；引导大型国有企业在高原地区进行重大工程建设时，设立生态环境保护专项资金，以政策和税收优惠政策鼓励社会民间资本进入高原生态环境保护市场；推动设立高原生态环境保护技术研发和成果转化基地建设，从科技研发的投入规模和渠道及科技成果转化的方式和场所等多方面协同激发科技支撑青藏高原生态屏障区建设的活力和能力。

第三节 加强地球系统综合观测平台建设

加强青藏高原生态环境变化野外综合观测平台建设。目前青藏高原定位观测站点与东部地区相比还较少，一些高海拔地区存在盲点，观测技术体系较落后。建议在统筹现有各行业和部门的野外观测台站的基础上，建设一批空白区监测点/站，建立全覆盖的观测平台网络；加强台站的信息化建设和无人机、遥感、大数据等新技术、新方法、新手段的应用，实现空－天－地一体化监测。

建立国家级青藏高原地球系统科考平台，长效支撑青藏高原生态环境保护与生态文明高地建设；形成规范化的地球系统多圈层链式响应地球系统综合观测与预警技术体系，并与已有站点观测研究和预警工作融合，构建青藏高原地球系统综合观测研究与预警网络，从根本上揭示气候变化与青藏高原生态环境的长周期演化规律；推动一体化保护与系统治理示范工程体系在青藏高原主要大江大河源区的推广应用，服务气候变化适应、碳中和先行示范等国家战略和川藏铁路、青藏高速公路等国家重大工程建设，探索高原"自然－社会－经济"协调发展新路径。

第四节　加强数据集成与共享

由国家青藏高原科学数据中心牵头，建立青藏高原生态屏障区数据共享服务系统，开发区块链大数据分析工具，实现跨学科、跨领域、跨部门数据共享共建的增值收益；建立青藏高原生态屏障区多部门的数据互操作，包括技术、结构、语义和组织等不同层次的互操作，制定元数据标识符、标准访问协议、标准本体词汇和使用许可协议等互操作标准协议，从而实现跨学科、跨领域、跨部门的数据共享共建；制定青藏高原生态屏障区各学科数据全链条标准规范。

实现青藏高原地球系统科学观测研究数据的集成与多尺度融合，包括：对监测数据进行科学分类、分级管理，建设联网数据汇交和共享的网络数据中心，提高监测数据综合集成的时效性；整合不同类型的监测数据，建立网格化、可对比的基础观测数据集，服务于模式与机制研究；加强不同部门/不同省份水文水资源的监测设备对比与研发，资料整编、数据库建设，提高数据共享水平；加强跨部门/跨省份地下水、水环境和水生态方面的监测与科研项目部署协调机制；加强跨部门/跨省份对水利设施和国际河流水资源方面的协调机制；加强跨部门/跨省份的现代农业技术研发和推广机制。

第五节 加强本地和专业技术人才培养

促进高寒极端环境监测仪器研制及队伍建设。青藏高原海拔高、气温低、环境恶劣，观测难度较大。因此，在青藏高原的气候、环境及水资源等方面的观测仍十分薄弱，并且现有很多在低海拔地区应用的科学仪器，在高寒环境难以有效运行，也一定程度制约了青藏高原的基础科学研究。监测数据是基础科学研究的关键，而高寒极端环境监测仪器的研制是青藏高原生态屏障区建设相关数据获取的保障，需要切实加大高寒极端环境监测仪器研制，在技术、资金等方面有侧重的支持。

此外，需加大高寒极端环境监测人才队伍建设。目前高寒极端环境监测的生力军集中在从事寒区研究的相关科研院所及部分高校，专业人才相对稀缺，特别是懂关键技术的技术支撑人才稀缺。很多观测人员不懂仪器原理，对于获取的观测数据也缺乏准确判断的能力，缺乏"现场发现问题、解决问题的能力"。科技支撑青藏高原生态屏障区建设，迫切需要加快高寒极端环境监测仪器研制及队伍建设。

第六节 加强以我为主的国际计划实施

通过"第三极环境"国际计划开展区域的科研合作，推动"第三极环境"国际计划在国家层面的立项。"第三极环境"国际计划已经建立了全球国际网络和良好的国际合作基础，为后续孕育国际大科学计划创造

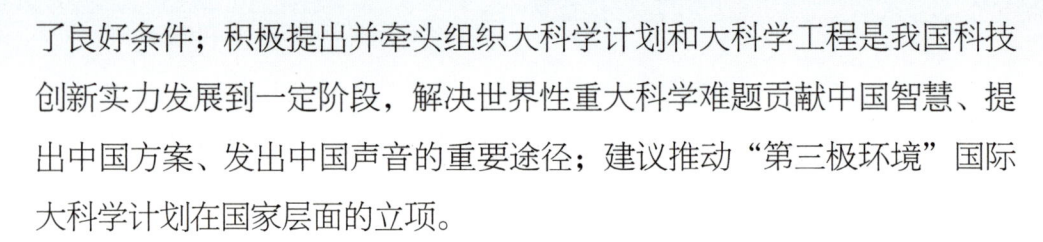

了良好条件；积极提出并牵头组织大科学计划和大科学工程是我国科技创新实力发展到一定阶段，解决世界性重大科学难题贡献中国智慧、提出中国方案、发出中国声音的重要途径；建议推动"第三极环境"国际大科学计划在国家层面的立项。

  参与并主导国际组织及周边国家关于青藏高原地区的科技合作，讲好我国在青藏高原生态环境保护方面的故事，展示我国所作出的努力和未来需求；务实推动环境外交，超前谋划以跨境公园为主体的跨国自然保护地建设，提升我国在生态环境保护和生态文明高地建设领域的影响力；加强国际科技合作人才培养，继续推进国际科技合作平台网络建设，推动相关国际科技组织在青藏高原设立分支机构和投入国际项目；在保障高原国防安全和社会稳定的前提下，积极畅通国际科技合作中的外方资金和人员入境渠道；从合作项目、合作平台和合作人才等多方面提升我国在青藏高原生态环境保护方面的国际科技合作能力和水平。

参考文献

蔡振媛, 覃雯, 高红梅, 等. 2019. 三江源国家公园兽类物种多样性及区系分析. 兽类学报, 39(4): 410-420.

曹言超, 王晓春. 2022. 青藏高原春季积雪对北半球夏季季节内振荡的影响. 高原气象, 41(6): 1384-1398.

常春平, 原立峰. 2010. 拉萨河下游河谷区风沙灾害现状、成因及发展趋势探讨. 水土保持研究, 17(1): 122-126.

常福宣, 洪晓峰. 2021. 长江源区水循环研究现状及问题思考. 长江科学院院报, 38(7): 1-6.

常国刚, 李林, 朱西德, 等. 2007. 黄河源区地表水资源变化及其影响因子. 地理学报, 62: 312-320.

车涛, 郝晓华, 戴礼云, 等. 2019. 青藏高原积雪变化及其影响. 中国科学院院刊, 34(11): 1247-1253.

陈德亮, 徐柏青, 姚檀栋, 等. 2015. 青藏高原环境变化科学评估：过去、现在与未来. 科学通报, 60(32): 3025-3035, 1-2.

陈冬明, 张楠楠, 刘琳, 等. 2016. 不同恢复措施对若尔盖沙化草地的恢复效果比较. 应用与环境生物学报, 22(4): 573-578.

陈泮勤, 程邦波, 王芳, 等. 2010. 全球气候变化的几个关键问题辨析. 地球科学进展, 25(1): 69-75.

陈仁升, 张世强, 阳勇, 等. 2019. 冰冻圈变化对中国西部寒区径流的影响. 北京: 科学出版社.

程国栋, 何平. 2001. 多年冻土地区线性工程建设. 冰川冻土, 23(3): 213-217.

程国栋, 金会军. 2013. 青藏高原多年冻土区地下水及其变化. 水文地质工程地质, 40: 1-11.

程国栋, 赵林, 李韧, 等. 2019. 青藏高原多年冻土特征、变化及影响. 科学通报, 64(27): 2783-2795.

迟翔文, 江峰, 高红梅, 等. 2019. 三江源国家公园雪豹和岩羊生境适宜性分析. 兽类学报, 39(4): 397-409.

崔鹏, 贾洋, 苏凤环, 等. 2017. 青藏高原自然灾害发育现状与未来关注的科学问题. 中国科学院院刊, 32(9): 985-992.

崔鹏, 苏凤环, 邹强, 等. 2015. 青藏高原山地灾害和气象灾害风险评估与减灾对策. 科学通报, 60(32): 3067-3077.

党牛, 林景曜, 王强, 等. 2024. 青藏高原地区能源碳排放时空格局及驱动因素. 生态学报, 44(18): 8033-8046.

底阳平, 张扬建, 曾辉, 等. 2019. "亚洲水塔"变化对青藏高原生态系统的影响. 中国科学院院刊, 34(11): 1322-1331.

丁永建, 张世强, 陈仁升. 2020a. 冰冻圈水文学: 解密地球最大淡水库. 中国科学院院刊, 35(4): 414-424.

丁永建, 赵求东, 吴锦奎, 等. 2020b. 中国冰冻圈水文未来变化及其对干旱区水安全的影响. 冰川冻土, 42(1): 23-32.

董全民, 马玉寿, 许长军, 等. 2015. 三江源区黑土滩退化草地分类分级体系及分类恢复研究. 草地学报, 23(3): 441-447.

董全民, 周华坤, 施建军, 等. 2018. 高寒草地健康定量评价及生产——生态功能提升技术集成与示范. 青海科技, 25(1): 15-24.

董世魁, 汤琳, 张相锋, 等. 2017. 高寒草地植物物种多样性与功能多样性的关系. 生态学报, 37(5): 1472-1483.

窦小东, 黄玮, 易琦, 等. 2019. LUCC 及气候变化对澜沧江流域径流的影响. 生态学报, 39(13): 4687-4696.

杜国祯, 覃光莲, 李自珍, 等. 2003. 高寒草甸植物群落中物种丰富度与生产力的关系研究. 植物生态学报, 27(1): 125-132.

段青云, 夏军, 缪驰远, 等. 2016. 全球气候模式中气候变化预测预估的不确定性. 自然杂志, 38(3): 182-188.

方创琳, 杨永春, 鲍超, 等. 2024. 青藏高原城镇化进程与绿色发展. 北京: 科学出版社.

方精云. 2021. 碳中和的生态学透视. 植物生态学报, 45(11): 1173-1176.

方精云, 景海春, 张文浩, 等. 2018. 论草牧业的理论体系及其实践. 科学通报, 63(17): 1619-1631.

费建瑶, 黄晓东, 高金龙, 等. 2018. 青海省牧区雪灾监测与预警系统的设计. 草业科学, 35(4): 916-923.

冯松, 汤懋苍, 王冬梅. 1998. 青藏高原是我国气候变化启动区的新证据. 科学通报, 43(6): 633-636.

伏洋, 肖建设, 校瑞香, 等. 2010. 基于 GIS 的青海省雪灾风险评估模型. 农业工程学报, 26(S1): 197-205.

付战勇, 马一丁, 罗明, 等. 2019. 生态保护与修复理论和技术国外研究进展. 生态学报, 39(23): 9008-9021.

傅伯杰. 2021. 国土空间生态修复亟待把握的几个要点. 中国科学院院刊, 36(1): 64-69.

傅伯杰, 欧阳志云, 施鹏, 等. 2021. 青藏高原生态安全屏障状况与保护对策. 中国科学院院刊, 36(11): 1298-1306.

傅伯杰, 伍星. 2022. 中国典型生态脆弱区生态治理与恢复. 郑州: 河南科学技术出版社.

傅敏宁. 2021. 青藏高原气候变化响应对我国防灾减灾的挑战. 中国减灾, (7): 46-49.

高红梅, 蔡振媛, 覃雯, 等. 2019. 三江源国家公园鸟类物种多样性研究. 生态学报, 39(22):

8254-8270.

高佳佳, 杜军. 2021. 雅鲁藏布江流域极端降水模拟及预估. 冰川冻土, 43(2): 580-588.

高鑫, 张世强, 叶柏生, 等. 2010. 1961—2006年叶尔羌河上游流域冰川融水变化及其对径流的影响. 冰川冻土, 32(3): 445-453.

葛劲松, 田俊量, 李志强, 等. 2012. 青海三江源国家综合试验区生态监测评估与预警体系建设探讨. 青海环境, 24(3): 101-106, 111.

葛少侠, 宗嘎. 2005. 关于那曲地区西部部分湖泊水位上涨初步调查情况及思考. 西藏科技, (4): 14-19.

弓开元, 何亮, 邬定荣, 等. 2020. 青藏高原高寒区青稞光温生产潜力和产量差时空分布特征及其对气候变化的响应. 中国农业科学, 53(4): 720-733.

光明日报. 2024. 三江源：江河势起 万物生长. [2024-11-20]. https://epaper.gmw.cn/gmrb/html/2024-05/22/nw.D110000gmrb_20240522_1-08.htm.

桂娟, 王旭峰, 李宗省, 等. 2019. 典型冰冻圈地区植被变化对人类活动的响应研究——以祁连山为例. 冰川冻土, 41(5): 1235-1243.

郭凤清, 曾辉, 丛沛桐. 2016. 青藏高原地下水的来源、分类、研究动向及发展趋势. 山西农业大学学报(自然科学版), 36(3): 160-165.

郭婧, 张骞, 宋明华, 等. 2020. 黄河上游草地生态现状及功能提升技术. 草地学报, 28(5): 1173-1184.

韩莹莹, 李强. 2012. 社会发展中科技支撑的内涵、特点和功能. 广东科技, 21(6): 65-67.

何大明, 冯彦. 2006. 国际河流跨境水资源合理利用与协调管理. 北京: 科学出版社.

贺程程, 秦鹏程, 刘诗慧, 等. 2024. 近62 a湖北省旱涝特征分析. 暴雨灾害, 43(1): 93-100.

贺金生, 卜海燕, 胡小文, 等. 2020a. 退化高寒草地的近自然恢复：理论基础与技术途径. 科学通报, 65(34): 3898-3908.

贺金生, 刘志鹏, 姚拓, 等. 2020b. 青藏高原退化草地恢复的制约因子及修复技术. 科技导报, 38(17): 66-80.

贺晶. 2020. 1960s—2015年祁连山现代冰川变化研究. 西安：西北大学.

侯鹏, 高吉喜, 陈妍, 等. 2021. 中国生态保护政策发展历程及其演进特征. 生态学报, 41(4): 1656-1667.

胡宝怡, 王磊. 2021. 陆地水储量变化及其归因：研究综述及展望. 水利水电技术（中英文）, 52(5): 13-25.

胡芩, 姜大膀, 范广洲. 2015. 青藏高原未来气候变化预估：CMIP5模式结果. 大气科学, 39(2): 260-270.

胡文涛, 姚檀栋, 余武生, 等. 2018. 高亚洲地区冰崩灾害的研究进展. 冰川冻土, 40(6): 1141-1152.

黄海, 杨顺, 田尤, 等. 2020. 汶川地震重灾区泥石流灾损土地利用及生态修复模式——以北川县都坝河小流域为例. 自然资源学报, 35(1):106-118.

黄凌昕, 陈婕, 阳坤, 等. 2023. 现代青藏高原亚洲夏季风气候北界及其西风区和季风区划分. 中国科学：地球科学, 53(4): 866-678.

姜琪, 罗斯琼, 文小航, 等. 2020. 1961—2014年青藏高原积雪时空特征及其影响因子. 高原气象，39(1): 24-36.
蒋德旭．2018．祁连山自然保护区采金废弃区植被恢复技术措施研究．中国绿色画报，(9): 155.
蒋胜竞，冯天骄，刘国华，等．2020．草地生态修复技术应用的文献计量分析．草业科学，37(4): 685-702.
蒋志刚，江建平，王跃招，等．2016．中国脊椎动物红色名录．生物多样性，24(5): 500-551.
靳乐山，楚宗岭，邹苍改．2019．不同类型生态补偿在山水林田湖草生态保护与修复中的作用．生态学报，39(23): 8709-8716.
康世昌，丛志远，王小萍，等．2019．大气污染物跨境传输及其对青藏高原环境影响．科学通报，64(27): 2876-2884.
李芙凝．2021．青藏高原畜牧业指数保险研究——以甘南州雪灾为例．兰州：兰州大学．
李计生，胡兴林，黄维东，等．2015．河西走廊疏勒河流域出山径流变化规律及趋势预测．冰川冻土，37(3): 803-810.
李培都，司建华，冯起，等．2018．疏勒河年径流量变化特征分析及模拟．水资源保护，34(2): 52-60.
李其江．2018．长江源径流演变及原因分析．长江科学院院报，35(8): 1-5, 16.
李奇，胡林勇，陈懂懂，等．2019．基于N%理念的三江源国家公园区域功能优化实践．兽类学报，39(4): 347-359.
李肖娟．2018．气候变化和人类活动对祁连山草地演变影响程度的研究．西安：陕西师范大学．
李小雁，李凤霞，马育军，等．2016．青海湖流域湿地修复与生物多样性保护．北京：科学出版社．
李小雁，马育军，黄永梅，等．2018．青海湖流域生态水文过程与水分收支研究．北京：科学出版社．
李欣海，郜二虎，李百度，等．2019．用物种分布模型和距离抽样估计三江源藏野驴、藏原羚和藏羚羊的数量．中国科学：生命科学，49(2): 151-162.
李新，勾晓华，王宁练，等．2019．祁连山绿色发展：从生态治理到生态恢复．科学通报，64(27): 2928-2937.
李洋，严振英，郭丁，等．2015．围封对青海湖流域高寒草甸植被特征和土壤理化性质的影响．草业学报，24(10): 33-39.
连运涛，王昱，郑健，等．2019．黑河流域上游水沙输移趋势及其成因分析．干旱区资源与环境，33(3): 98-104.
刘昌明，郑红星．2003．黄河流域水循环要素变化趋势分析．自然资源学报，18(2): 129-135.
刘纪远，邵全琴，樊江文．2009．三江源区草地生态系统综合评估指标体系．地理研究，28(2): 273-283.
刘纪远，徐新良，邵全琴．2008．近30年来青海三江源地区草地退化的时空特征．地理学报，63(4): 364-376.
刘琳，张宝军，熊东红，等．2021．雅江河谷防沙治沙工程近地表特性——林下植被特性、生物结皮及土壤养分变化特征．中国环境科学，41(9): 4310-4319.
刘瑞平，徐友宁，张江华，等．2018．青藏高原典型金属矿山河流重金属污染对比．地质通报，37(12): 2154-2168.

刘时银, 姚晓军, 郭万钦, 等. 2015. 基于第二次冰川编目的中国冰川现状. 地理学报, 70(1): 3-16.

刘淑珍, 周麟, 仇崇善, 等. 1999. 西藏自治区那曲地区草地退化沙化研究. 拉萨: 西藏人民出版社.

刘贤德, 牛赟, 敬文茂, 等. 2009. 祁连山森林内外主要气象因子对比研究. 干旱区地理, 32(1): 32-36.

刘湘伟. 2015. 雅鲁藏布江流域水文气象特性分析. 北京: 清华大学.

刘志伟, 李胜男, 韦玮, 等. 2019. 近三十年青藏高原湿地变化及其驱动力研究进展. 生态学杂志, 38(3): 856-862.

芦晓明, 付婷, 杜琪琪, 等. 2019. 藏东南亚高山暗针叶林干扰迹地森林更新调查. 科学通报, 64(27): 2907-2914.

陆晨刚, 高翔, 余琦, 等. 2006. 西藏民居室内空气中多环芳烃及其对人体健康影响. 复旦学报(自然科学版), 45(6): 714-718, 725.

陆妍, 喻文兵, 张天祺, 等. 2022. 多年冻土区土壤多环芳烃污染研究进展. 冰川冻土, 44(5): 1640-1652.

马丽娟, 秦大河. 2012. 1957—2009年中国台站观测的关键积雪参数时空变化特征. 冰川冻土, 34(1): 1-11.

马蓉蓉, 黄雨晗, 周伟, 等. 2019. 祁连山山水林田湖草生态保护与修复的探索与实践. 生态学报, 39(23): 8990-8997.

马婷, 郑卓, 满美玲, 等. 2016. 南亚热带全新世火灾记录的气候变化及人类影响. 热带地理, 36(3): 486-494.

马巍. 2017. 青藏高原重大冻土工程的基础研究. 兰州: 中国科学院寒区旱区环境与工程研究所.

马巍, 周国庆, 牛富俊, 等. 2016. 青藏高原重大冻土工程的基础研究进展与展望. 中国基础科学, 18(6): 9-19.

马维明, 王振东, 张学德, 等. 2016. 青海都兰县沟里勘查区找矿潜力及瓶颈浅析. 西部探矿工程, 28(2): 134-137, 140.

马耀明, 姚檀栋, 王介民, 等. 2006. 青藏高原复杂地表能量通量研究. 地球科学进展, 21(12): 1215-1223.

马玉寿, 周华坤, 邵新庆, 等. 2016. 三江源区退化高寒生态系统恢复技术与示范. 生态学报, 36(22): 7078-7082.

马震, 高明森. 2016. 建立青藏高原碳汇功能区的初步设想. 攀登, 35(2): 51-55.

毛爱华, 毛红霞, 李璇, 等. 2021. 甘南黄河上游水源涵养区建设研究. 资源节约与环保, (6): 37-40.

牟翠翠. 2020. 热喀斯特改变多年冻土区景观和地表过程. 自然杂志, 42(5): 386-392.

南维鸽, 董治宝, 薛亮, 等. 2024. 青藏高原重要交通国道路侧土壤重金属分布特征及生态风险评价. 环境科学, 45(8): 4825-4836.

裴宇菲, 宋敏红, 张少波. 2023. 强弱南亚季风不同发展期对青藏高原垂直环流的影响. 高原气象, 42(6): 1402-1415.

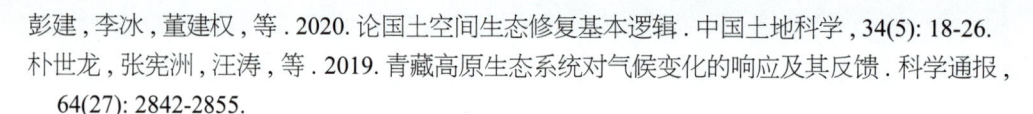

彭建, 李冰, 董建权, 等. 2020. 论国土空间生态修复基本逻辑. 中国土地科学, 34(5): 18-26.

朴世龙, 张宪洲, 汪涛, 等. 2019. 青藏高原生态系统对气候变化的响应及其反馈. 科学通报, 64(27): 2842-2855.

蒲玉琳, 叶春, 张世熔, 等. 2017. 若尔盖沙化草地不同生态恢复模式土壤活性有机碳及碳库管理指数变化. 生态学报, 37(2): 367-377.

齐嘉. 2019. 长江源区水文过程模拟及其变化归因. 北京: 中国科学院大学.

钱永甫, 王谦谦, 钱云, 等. 1995. 青藏高原等大地形和下垫面的动力和热力强迫在东亚和全球气候变化中作用的新探索. 气象科学, 15(4):7-16.

秦大河. 2014. 三江源区生态保护与可持续发展. 北京: 科学出版社.

秦大河, 周波涛, 效存德. 2014. 冰冻圈变化及其对中国气候的影响. 气象学报, 72(5): 869-879.

青藏高原冰川冻土变化对区域生态环境影响评估与对策咨询项目组. 2010. 青藏高原冰川冻土变化对生态环境的影响及应对措施. 自然杂志, 32(1): 1-3, 69.

穷达卓玛, 汪晶, 周文武, 等. 2020. 拉萨垃圾填埋场渗滤液处理站周边土壤重金属含量分析及评价. 环境化学, 39(5): 1404-1409.

饶维龙, 张岚, 汪秋昱, 等. 2021. 利用GRACE时变重力研究青藏高原的质量迁移. 中国科学院大学学报, 38(1): 9-22.

任才, 龙爱华, 於嘉闻, 等. 2021. 气候与下垫面变化对叶尔羌河源流径流的影响. 干旱区地理, 44(5): 1373-1383.

任宪友. 2005. 生态恢复研究进展与展望. 世界科技研究与发展, 27(5): 79-83.

《三江源区生态资源资产核算与生态文明制度设计》课题组. 2018. 三江源区生态资源资产价值核算. 北京: 科学出版社.

尚大成, 王澄海. 2006. 高原地表过程中冻融过程在东亚夏季风中的作用. 干旱气象, 24(3): 19-22.

尚占环, 董全民, 施建军, 等. 2018. 青藏高原"黑土滩"退化草地及其生态恢复近10年研究进展——兼论三江源生态恢复问题. 草地学报, 26(1): 1-21.

邵全琴, 樊江文, 等. 2012. 三江源区生态系统综合监测与评估. 北京: 科学出版社.

邵全琴, 樊江文, 等. 2018. 三江源生态保护和建设工程生态效益监测评估. 北京: 科学出版社.

邵全琴, 樊江文, 刘纪远, 等. 2017. 基于目标的三江源生态保护和建设一期工程生态成效评估及政策建议. 中国科学院院刊, 32(1): 35-44.

沈大军, 陈传友. 1996. 青藏高原水资源及其开发利用. 自然资源学报, 11(1): 8-14.

施雅风. 2000. 中国冰川与环境——现在、过去和未来. 北京: 科学出版社.

施雅风. 2005. 简明中国冰川目录. 上海: 上海科学普及出版社.

石菊松, 马小霞. 2021. 关于青藏高原生态保护治理的几点思考和建议. 环境与可持续发展, 46(5): 42-46.

税伟, 白剑平, 简小枚, 等. 2017. 若尔盖沙化草地恢复过程中土壤特性及水源涵养功能. 生态学报, 37(1): 277-285.

宋春桥, 游松财, 柯灵红, 等. 2011. 藏北高原植被物候时空动态变化的遥感监测研究. 植物生态学报, 35(8): 853-863.

孙鸿烈, 郑度, 姚檀栋, 等. 2012. 青藏高原国家生态安全屏障保护与建设. 地理学报, 67(1):

3-12.

孙建, 刘国华. 2021. 青藏高原高寒草地: 格局与过程. 植物生态学报, 45(5): 429-433.

孙世威, 郭军明, 张强弓, 等. 2023. 多年冻土区土壤中汞的研究进展. 冰川冻土, 45(2): 355-367.

汤秋鸿. 2020. 全球变化水文学: 陆地水循环与全球变化. 中国科学: 地球科学, 50(3): 436-438.

汤秋鸿, 兰措, 苏凤阁, 等. 2019a. 青藏高原河川径流变化及其影响研究进展. 科学通报, 64(27): 2807-2821.

汤秋鸿, 刘星才, 周园园, 等. 2019b. "亚洲水塔"变化对下游水资源的连锁效应. 中国科学院院刊, 34(11): 1306-1312.

唐永发, 熊东红, 张宝军, 等. 2021. 雅江河谷中段典型防沙治沙生态工程对沙地持水性能的改良效应. 山地学报, 39(4): 461-472.

陶诗言, 卫捷, 张小玲. 2008. 2007年梅雨锋降水的大尺度特征分析. 气象, 34(4): 3-15.

田原, 余成群, 雒昆利, 等. 2014. 西藏地区天然水的水化学性质和元素特征. 地理学报, 69(7): 969-982.

汪晓菲, 何平, 康文星. 2014. 若尔盖县沙化草地服务功能及其价值损失. 水土保持学报, 28(5): 62-70.

王常顺, 孟凡栋, 李新娥, 等. 2014. 草地植物生产力主要影响因素研究综述. 生态学报, 34(15): 4125-4132.

王澄海, 董文杰, 韦志刚. 2003. 青藏高原季节冻融过程与东亚大气环流关系的研究. 地球物理学报, 46(3): 309-316.

王聪, 伍星, 傅伯杰, 等. 2019. 重点脆弱生态区生态恢复模式现状与发展方向. 生态学报, 39(20): 7333-7343.

王慧, 张璐, 石兴东, 等. 2021. 2000年后青藏高原区域气候的一些新变化. 地球科学进展, 36(8): 785-796.

王佳琪, 马瑞, 孙自永. 2019. 地表水与地下水相互作用带中氮素污染物的反应迁移机理及模型研究进展. 地质科技情报, 38(4): 270-280.

王立辉, 严超宇. 2015. 大气汞来源、去向与形态分布研究概述. 现代化工, 35(8): 18-22.

王明国, 李社红, 王慧, 等. 2012. 西藏地表水中砷的分布. 环境科学, 33(10): 3411-3416.

王世金, 魏彦强, 牛春华, 等. 2021. 青藏高原多灾种自然灾害综合风险管理. 冰川冻土, 43(6): 1848-1860.

王夏晖, 何军, 牟雪洁, 等. 2021. 中国生态保护修复20年: 回顾与展望. 中国环境管理, 13(5): 85-92.

王小丹, 程根伟, 赵涛, 等. 2017. 西藏生态安全屏障保护与建设成效评估. 中国科学院院刊, 32(1): 29-34.

王晓维. 2017. 青藏高原地区生态保护立法的相关探讨. 环境与发展, 29(6): 204, 206.

王亚锋, 梁尔源. 2019. 干扰对树线生态过程的影响研究进展. 科学通报, 64(16): 1711-1721.

王一博, 王根绪, 沈永平, 等. 2005. 青藏高原高寒区草地生态环境系统退化研究. 冰川冻土, 27(5): 633-640.

王毅, 谢蓉蓉, 王菲凤, 等. 2019. 基于 Delphi-PSR 模型的祁连山国家级自然保护区生态安全评价. 山地学报, 37(3): 328-336.

王英珊, 孙维君, 丁明虎, 等. 2024. 青藏高原冰川物质平衡变化特征及其对气候变化响应的研究进展. 气候变化研究进展, 31. https://link.cnki.net/urlid/11.5368.P.20241230.1014.004.

王宇飞. 2020. 国家公园生态补偿的实践探索与改进建议——以三江源国家公园体制试点为例. 国土资源情报, (7): 22-26.

王昱, 连运涛, 范严伟, 等. 2018. 黑河流域上游水沙变化特征及成因分析. 水土保持通报, 38(2): 1-7.

王珍, 侯磊, 罗怀秀, 等. 2021. 西藏尼洋河流域表层沉积物重金属污染特征分析. 环境科学导刊, 40(5): 34-39.

王政明, 李国平. 2023. 基于热源作用的青藏高原东坡一次夜间暴雨的诊断分析. 沙漠与绿洲气象, 17(1): 96-103.

王梓月, 罗斯琼, 李文静, 等. 2022. 青藏高原东部多、少雪年地表能量和水分特征对比研究. 高原气象, 41(2): 444-464.

韦志刚, 黄荣辉, 陈文. 2005. 青藏高原冬春积雪年际振荡成因分析. 冰川冻土, 27(4):491-497.

邬光剑, 姚檀栋, 王伟财, 等. 2019. 青藏高原及周边地区的冰川灾害. 中国科学院院刊, 34(11): 1285-1292.

吴国雄, 段安民, 张雪芹, 等. 2013. 青藏高原极端天气气候变化及其环境效应. 自然杂志, 35(3): 167-171.

吴国雄, 李伟平, 郭华, 等. 1997. 青藏高原感热气泵和亚洲夏季风 // 叶笃正. 赵九章纪念文集. 北京: 科学出版社: 116-126.

吴国雄, 林海, 邹晓蕾, 等. 2014. 全球气候变化研究与科学数据. 地球科学进展, 29(1):15-22.

吴青柏, 牛富俊. 2013. 青藏高原多年冻土变化与工程稳定性. 科学通报, 58(2): 115-130.

吴青柏, 徐晓明, 贺建桥, 等. 2024. 青藏高原冰冻圈变化对工程的影响. 气候变化研究进展, 31. https://link.cnki.net/urlid/11.5368.p.20241226.1303.002.

吴统文, 钱正安, 李培基, 等. 1998. 青藏高原多、少雪年后期西北干旱区降水的对比分析. 高原气象, 17(4):364-372.

吴汪洋, 张登山, 田丽慧, 等. 2014. 青海湖克土沙地沙棘林的防风固沙机制与效益. 干旱区地理, 37(4): 777-785.

吴雪娜, 赵磊, 文小航. 2022. 基于高分辨率资料同化数据对青藏高原极端低温特征分析. 地球科学前沿, 12(11): 1446-1455.

武高林, 杜国祯. 2007. 青藏高原退化高寒草地生态系统恢复和可持续发展探讨. 自然杂志, 29(3): 159-164.

武胜男, 张曦, 高晓霞, 等. 2019. 三江源区"黑土滩"型退化草地人工恢复植物群落的演替动态. 生态学报, 39(7): 2444-2453.

西藏自治区统计局, 国家统计局西藏调查总队. 2020. 2020 西藏统计年鉴. 北京: 中国统计出版社.

谢正辉, 陈思, 秦佩华, 等. 2019. 人类用水活动的气候反馈及其对陆地水循环的影响研究——进展与挑战. 地球科学进展, 34(8): 801-813.

新华社. 2017. 习近平致信祝贺第二次青藏高原综合科学考察研究启动. [2024-11-20]. http://www.xinhuanet.com//politics/2017-08/19/c_1121509916.htm.

新华社. 2020. 习近平在中央第七次西藏工作座谈会上强调 全面贯彻新时代党的治藏方略 建设团结富裕文明和谐美丽的社会主义现代化新西藏. [2024-11-20]. https://www.xinhuanet.com/politics/leaders/2020-08/29/c_1126428830.htm.

新华社. 2021a. 统筹指导构建新发展格局 推进种业振兴推动青藏高原生态环境保护和可持续发展. [2024-11-20]. https://www.xinhuanet.com/mrdx/2021/07/10/c_1310053239.htm.

新华社. 2021b. 习近平在西藏考察时强调 全面贯彻新时代党的治藏方略 谱写雪域高原长治久安和高质量发展新篇章.[2024-11-20]. https://www.xinhuanet.com/politics/leaders/2021-07/23/c_1127687414_2.htm.

熊远清, 吴鹏飞, 张洪芝, 等. 2011. 若尔盖湿地退化过程中土壤水源涵养功能. 生态学报, 31(19): 5780-5788.

徐祥德, 陶诗言, 王继志, 等. 2002. 青藏高原—季风水汽输送"大三角扇型"影响域特征与中国区域旱涝异常的关系. 气象学报, 60(3): 257-266, 385.

徐祥德, 周明煜, 陈家宜, 等. 2001. 青藏高原地-气过程动力、热力结构综合物理图象. 中国科学 (D 辑), 31(5): 428-440.

闫京艳, 张毓, 蔡振媛, 等. 2019. 三江源区人兽冲突现状分析. 兽类学报, 39(4): 476-484.

闫立娟, 郑绵平, 齐路晶. 2017. 青藏高原湖泊湖面变迁及影响因素. 科技导报, 35(6): 83-88.

阳坤, 郭晓峰, 武炳义. 2010. 青藏高原地表感热通量的近期变化趋势. 中国科学: 地球科学, 40(7): 923-932.

杨安, 王艺涵, 胡健, 等. 2020. 青藏高原表土重金属污染评价与来源解析. 环境科学, 41(2): 886-894.

杨和辰, 张丹, 楚宝临, 等. 2017. 青藏高原典型城市拉萨市大气颗粒物污染源成分谱建立研究与特征分析. 中国环境监测, 33(6): 46-54.

杨萍, 魏兴琥, 董玉祥, 等. 2020. 西藏沙漠化研究进展与未来防沙治沙思路. 中国科学院院刊, 35(6): 699-708.

杨全生, 汪有奎, 李进军, 等. 2015. 祁连山自然保护区天然林保护工程的成效分析. 中南林业科技大学学报, 35(1): 89-95.

杨晓光, 刘志娟, 陈阜. 2011. 全球气候变暖对中国种植制度可能影响: Ⅵ. 未来气候变化对中国种植制度北界的可能影响. 中国农业科学, 44(8): 1562-1570.

姚檀栋, 秦大河, 沈永平, 等. 2013. 青藏高原冰冻圈变化及其对区域水循环和生态条件的影响. 自然杂志, 35(3): 179-186.

姚檀栋, 邬光剑, 徐柏青, 等. 2019a. "亚洲水塔"变化与影响. 中国科学院院刊, 34(11): 1203-1209.

姚檀栋, 余武生, 邬光剑, 等. 2019b. 青藏高原及周边地区近期冰川状态失常与灾变风险. 科学通报, 64(27): 2770-2782.

姚檀栋, 朱立平. 2006. 青藏高原环境变化对全球变化的响应及其适应对策. 地球科学进展, 21(5): 459-464.

姚晓军, 孙美平, 宫鹏, 等. 2016. 可可西里盐湖湖水外溢可能性初探. 地理学报, 71(9):

1520-1527.

姚治君, 段瑞, 刘兆飞. 2012. 怒江流域降水与气温变化及其对跨境径流的影响分析. 资源科学, 34(2): 202-210.

叶笃正, 罗四维, 朱抱真. 1957. 关于青藏高原及其邻近地区热量平衡和对流层环流结构. 气象学报, 28: 108-121.

尹云鹤, 吴绍洪, 赵东升, 等. 2016. 过去30年气候变化对黄河源区水源涵养量的影响. 地理研究, 35(1): 49-57.

于海彬, 张镱锂, 刘林山, 等. 2018. 青藏高原特有种子植物区系特征及多样性分布格局. 生物多样性, 26(2): 130-137.

张成岗, 李佩. 2020. 科技支撑社会治理现代化: 内涵、挑战及机遇. 科技导报, 38(14): 134-141.

张凡, 史晓楠, 曾辰, 等. 2019. 青藏高原河流输沙量变化与影响. 中国科学院院刊, 34(11): 1274-1284.

张国庆, 姚檀栋, Xie H, 等. 2014. 青藏高原湖泊状态与丰度. 科学通报, 59(26): 2645.

张华, 宋金岳, 李明, 等. 2021. 基于GEE的祁连山国家公园生态环境质量评价及成因分析. 生态学杂志, 40(6): 1883-1894.

张建云, 刘九夫, 金君良, 等. 2019. 青藏高原水资源演变与趋势分析. 中国科学院院刊, 34(11): 1264-1273.

张建忠, 张寿红, 董贵奇. 2016. 夯实环保基础工作 建成一流高原铁路——青藏铁路运营10周年环保工作总结. 中国铁路, (6): 18-23.

张金旭, 李润杰. 2016. 微灌技术对环湖区退化人工草地的影响. 中国农学通报, 32(29): 120-123.

张静, 才文代吉, 谢永萍, 等. 2019. 三江源国家公园种子植物区系特征分析. 西北植物学报, 39(5): 935-947.

张军民. 2005. 伊犁河流域地表水资源优势及开发利用潜力研究. 干旱区资源与环境, 19: 142-146.

张克存, 牛清河, 屈建军, 等. 2010. 青藏铁路沱沱河路段风沙危害特征及其动力环境分析. 中国沙漠, 30(5): 1006-1011.

张骞, 马丽, 张中华, 等. 2019. 青藏高寒区退化草地生态恢复: 退化现状、恢复措施、效应与展望. 生态学报, 39(20): 7441-7451.

张强英, 布多, 吕学斌, 等. 2018. 西藏帕隆藏布江流域天然水的水化学特征. 环境化学, 37(4): 889-896.

张万诚, 肖子牛, 郑建萌, 等. 2007. 怒江流量长期变化特征及对气候变化的响应. 科学通报, 52: 135-141.

张宪洲, 汪诗平, 朴世龙. 2015b. 青藏高原生态建设和环境保护成果显著. 人民日报, 2015-12-02(16).

张宪洲, 杨永平, 朴世龙, 等. 2015a. 青藏高原生态变化. 科学通报, 60(32): 3048-3056.

张雅娴, 樊江文, 王穗子, 等. 2019. 三江源区生态承载力与生态安全评价及限制因素分析. 兽类学报, 39(4): 360-372.

张艳, 钱永甫. 2002. 青藏高原地面热源对亚洲季风爆发的热力影响. 南京气象学院学报,

25(3): 298-306.

张镱锂, 李炳元, 郑度. 2002. 论青藏高原范围与面积. 地理研究, 21(1): 1-8.

张镱锂, 刘林山, 王兆锋, 等. 2019. 青藏高原土地利用与覆被变化的时空特征. 科学通报, 64(27): 2865-2875.

张贞明, 孙斌. 2018. 玛曲县草原生态保护现状及建设对策. 甘肃畜牧兽医, 48(1): 71-74.

张中琼, 吴青柏, 周兆叶. 2012. 多年冻土区冻融灾害风险性评价. 自然灾害学报, 21(2): 142-149.

赵亮, 李奇, 赵新全. 2020. 三江源草地多功能性及其调控途径. 资源科学, 42(1): 78-86.

赵林, 胡国杰, 邹德富, 等. 2019. 青藏高原多年冻土变化对水文过程的影响. 中国科学院院刊, 34(11): 1233-1246.

赵麦换, 武见, 付永锋, 等. 2014. 青海湖流域水资源利用与保护研究. 郑州: 黄河水利出版社.

赵伟, 付浩, 熊东红, 等. 2021. 一种基于时序遥感观测数据的人工林种植时间自动检测方法: CN112861810A.

赵新全, 樊江文, 周华坤, 等. 2021. 三江源国家公园生态系统现状、变化及管理. 北京: 科学出版社.

赵新全, 马玉寿, 王启基, 等. 2011. 三江源区退化草地生态系统恢复与可持续管理. 北京: 科学出版社.

赵新全, 周华坤. 2005. 三江源区生态环境退化、恢复治理及其可持续发展. 中国科学院院刊, 20(6): 471-476.

赵新全, 周青平, 马玉寿, 等. 2017. 三江源区草地生态恢复及可持续管理技术创新和应用. 青海科技, 24(1): 13-19, 2.

赵勇, 王前, 黄安宁. 2018. 南亚高压伊朗高压型与新疆夏季降水的联系. 高原气象, 37(3): 651-661.

赵远昭, 张强英, 杨俊, 等. 2022. 青藏高原微塑料研究进展及现状. 再生资源与循环经济, 15(6): 28-33.

郑庆林, 王三杉, 张朝林, 等. 2001. 青藏高原动力和热力作用对热带大气环流影响的数值研究. 高原气象, 20(1):14-21.

郑伟, 董全民, 李世雄, 等. 2014. 禁牧后环青海湖高寒草原植物群落特征动态. 草业科学, 31(6): 1126-1130.

郑伟, 康世昌, 冯新斌, 等. 2010. 西藏雅鲁藏布江表层水中汞的形态与空间分布特征. 科学通报, 55(20): 2026-2032.

中国科学院. 2015. 西藏高原环境变化科学评估. [2021-04-30]. http://www.cas.cn/yw/201511/P020151118312972562167.doc.

中国气象局气候变化中心. 2019. 中国气候变化蓝皮书（2019）. 北京: 中国气象局气候变化中心.

中华人民共和国国务院新闻办公室. 2018.《青藏高原生态文明建设状况》白皮书. 北京: 中华人民共和国国务院新闻办公室.

钟祥浩, 刘淑珍, 王小丹, 等. 2006. 西藏高原国家生态安全屏障保护与建设. 山地学报, 24(2): 129-136.

钟祥浩, 刘淑珍, 王小丹, 等. 2010. 西藏高原生态安全研究. 山地学报, 28(1): 1-10.

仲波, 孙庚, 陈冬明, 等. 2017. 不同恢复措施对若尔盖沙化退化草地恢复过程中土壤微生物生物量碳氮及土壤酶的影响. 生态环境学报, 26(3): 392-399.

周虹, 刘雲祥. 2022. 青海共和盆地人工固沙植被恢复对土壤微生物数量的影响. 干旱区资源与环境, 36(1): 178-185.

周华坤, 姚步青, 于龙, 等. 2015. 三江源区高寒草地退化演替与生态恢复. 北京: 科学出版社.

周华坤, 赵新全, 周秉荣, 等. 2020. 青海省生态学研究的现状、发展重点及其建议. 青海科技, 27(1): 12-16.

周思儒, 信忠保. 2022. 近20年青藏高原水资源时空变化. 长江科学院院报, 39 (6): 31-39.

周天军, 陈梓明, 陈晓龙, 等. 2021. IPCC AR6报告解读: 未来的全球气候——基于情景的预估和近期信息. 气候变化研究进展, 17(6): 652-663.

周秀骥, 赵平, 刘舸. 2009. 近千年亚洲–太平洋涛动指数与东亚夏季风变化. 科学通报, 54(20): 3144-3146.

朱抱真, 丁一汇, 罗会邦. 1990. 关于东亚大气环流和季风的研究. 气象学报, 48(1): 4-16.

朱立平, 彭萍, 张国庆, 等. 2020. 全球变化下青藏高原湖泊在地表水循环中的作用. 湖泊科学, 32(3): 597-608.

朱立平, 张国庆, 杨瑞敏, 等. 2019. 青藏高原最近40年湖泊变化的主要表现与发展趋势. 中国科学院院刊, 34(11): 1254-1263.

邹长新, 王燕, 王文林, 等. 2018. 山水林田湖草系统原理与生态保护修复研究. 生态与农村环境学报, 34(11): 961-967.

Abbott B W, Bishop K, Zarnetske J P, et al. 2019. Human domination of the global water cycle absent from depictions and perceptions. Nature Geoscience, 12: 533-540.

Aber J D, Jordan W R. 1985. Restoration ecology: An environmental middle ground. BioScience, 35(7): 399.

Alexander J S, Chen P, Damerell P, et al. 2015a. Human wildlife conflict involving large carnivores in Qilianshan, China and the minimal paw-print of snow leopards. Biological Conservation, 187: 1-9.

Alexander J S, Cusack J J, Chen P J, et al. 2016b. Conservation of snow leopards: Spill-over benefits for other carnivores? Oryx, 50(2): 239-243.

Alexander J S, Gopalaswamy A M, Shi K, et al. 2015b. Face value: Towards robust estimates of snow leopard densities. PLOS One, 10(8): e0134815.

Alexander J S, Shi K, Tallents L A, et al. 2016a. On the high trail: Examining determinants of site use by the endangered snow leopard Panthera uncia in Qilianshan, China. Oryx, 50(2): 231-238.

Allen S K, Zhang G Q, Wang W C, et al. 2019. Potentially dangerous glacial lakes across the Tibetan Plateau revealed using a large-scale automated assessment approach. Science Bulletin, 64(7): 435-445.

Anderson-Teixeira K J, Miller A D, Mohan J E, et al. 2013. Altered dynamics of forest recovery under a changing climate. Global Change Biology, 19(7): 2001-2021.

Aronson M F J. 2013. Status and challenges of grassland restoration in the United States. Ecological Restoration, 31(2): 119.

Bardgett R D, Bullock J M, Lavorel S, et al. 2021. Combatting global grassland degradation. Nature Reviews Earth & Environment, 2: 720-735.

Barrett K, McGuire A D, Hoy E E, et al. 2011. Potential shifts in dominant forest cover in interior Alaska driven by variations in fire severity. Ecological Applications, 21(7): 2380-2396.

Bartowitz K J, Higuera P E, Shuman B N, et al. 2019. Post-fire carbon dynamics in subalpine forests of the Rocky Mountains. Fire, 2(4): 58.

Best J. 2019. Anthropogenic stresses on the world's big rivers. Nature Geoscience, 12: 7-21.

Bian J C, Li D, Bai Z X, et al. 2020. Transport of Asian surface pollutants to the global stratosphere from the Tibetan Plateau region during the Asian summer monsoon. National Science Review, 7(3): 516-533.

Bolin B. 1950. On the influence of the earth's orography on the general character of the westerlies. Tellus, 2(3): 184-195.

Boos W R, Kuang Z M. 2010. Dominant control of the South Asian monsoon by orographic insulation versus plateau heating. Nature, 463(7278):218-222.

Bradshaw A D. 1993. Restoration ecology as a science. Restoration Ecology, 1(2): 71-73.

Brown G W, Murphy A, Fanson B, et al. 2019. The influence of different restoration thinning treatments on tree growth in a depleted forest system. Forest Ecology and Management, 437: 10-16.

Charney J G, Drazin P G. 1961. Propagation of planetary-scale disturbances from the lower into the upper atmosphere. Journal of Geophysical Research, 66(1): 83-109.

Charney J G, Eliassen A. 1949. A numerical method for predicting the perturbations of the middle latitude westerlies. Tellus, 1(2): 38-54.

Che T, Li X, Jin R, et al. 2008. Snow depth derived from passive microwave remote-sensing data in China. Annals of Glaciology, 49: 145-154.

Chen A P, Huang L, Liu Q, et al. 2021. Optimal temperature of vegetation productivity and its linkage with climate and elevation on the Tibetan Plateau. Global Change Biology, 27(9): 1942-1951.

Chen D, Zhang X, Tan X, et al. 2009. Hydroacoustic study of spatial and temporal distribution of *Gymnocypris przewalskii* (Kessler, 1876) in Qinghai Lake, China. Environmental Biology of Fishes, 84(2): 231-239.

Chen D L, Xu B Q, Yao T D, et al. 2015. Assessment of past, present and future environmental changes on the Tibetan Plateau. Chinese Science Bulletin, 60(32):3025-3035.

Chen P F, Kang S C, Li C L, et al. 2019. Carbonaceous aerosol characteristics on the Third Pole: A primary study based on the Atmospheric Pollution and Cryospheric Change (APCC) network. Environmental Pollution, 253: 49-60.

Chen Y, Chen Z S, Hao X M, et al. 2010. Trends in runoff variations of the mainstream of the Tarim River during the last 50 years. Resources Science, 32(6): 1196-1203.

Chen Y N, Takeuchi K, Xu C C, et al. 2006. Regional climate change and its effects on river runoff in the Tarim Basin, China. Hydrological Processes, 20(10): 2207-2216.

Chen Z, Burchfiel B C, Liu Y, et al. 2000. Global positioning system measurements from Eastern Tibet and their implications for India/Eurasia intercontinental deformation. Journal of Geophysical Research: Solid Earth, 105(B7): 16215-16227.

Cheng G D, Jin H J. 2013. Permafrost and groundwater on the Qinghai-Tibet Plateau and in Northeast China. Hydrogeology Journal, 21(1): 5-23.

Cong N, Shen M G, Yang W, et al. 2017. Varying responses of vegetation activity to climate changes on the Tibetan Plateau grassland. International Journal of Biometeorology, 61(8): 1433-1444.

Cristofanelli P, Bracci A, Sprenger M, et al. 2010. Tropospheric ozone variations at the Nepal Climate Observatory-Pyramid (Himalayas, 5079 m a.s.l.) and influence of deep stratospheric intrusion events. Atmospheric Chemistry and Physics, 10(14): 6537-6549.

Cui L L, Duo B, Zhang F, et al. 2018. Physiochemical characteristics of aerosol particles collected from the Jokhang Temple indoors and the implication to human exposure. Environmental Pollution, 236: 992-1003.

Cui P, Jia Y. 2015. Mountain hazards in the Tibetan Plateau: Research status and prospects. National Science Review, 2(4): 397-399.

Cuo L, Zhang Y X, Zhu F X, et al. 2014. Characteristics and changes of streamflow on the Tibetan Plateau: A review. Journal of Hydrology: Regional Studies, 2: 49-68.

Davis K T, Dobrowski S Z, Higuera P E, et al. 2019. Wildfires and climate change push low-elevation forests across a critical climate threshold for tree regeneration. Proceedings of the National Academy of Sciences of the United States of America, 116(13): 6193-6198.

Deng H J, Chen Y N, Li Q H, et al. 2019. Loss of terrestrial water storage in the Tianshan Mountains from 2003 to 2015. International Journal of Remote Sensing, 40(22): 8342-8358.

Deng H J, Pepin N C, Chen Y N. 2017. Changes of snowfall under warming in the Tibetan Plateau. Journal of Geophysical Research: Atmospheres, 122(14): 7323-7341.

Deng H J, Pepin N C, Liu Q, et al. 2018. Understanding the spatial differences in terrestrial water storage variations in the Tibetan Plateau from 2002 to 2016. Climatic Change, 151(3): 379-393.

Di Baldassarre G, Sivapalan M, Rusca M, et al. 2019. Sociohydrology: Scientific challenges in addressing the sustainable development goals. Water Resources Research, 55(8): 6327-6355.

Dickinson W R, Valloni R. 1980. Plate settings and provenance of sands in modern ocean basins. Geology, 8(2): 82-86.

Ding A J, Wang T. 2006. Influence of stratosphere-to-troposphere exchange on the seasonal cycle of surface ozone at Mount Waliguan in western China. Geophysical Research Letters, 33(3): L03803.

Dobson A P, Bradshaw A D, Baker A J M. 1997. Hopes for the future: Restoration ecology and conservation biology. Science, 277(5325): 515-522.

Dou J, Wu Z W. 2018. Southern Hemisphere origins for interannual variations of snow cover over the Western Tibetan Plateau in boreal summer. Journal of Climate, 31(19):7701-7718.

Duan A M, Wu G X. 2006. Change of cloud amount and the climate warming on the Tibetan Plateau. Geophysical Research Letters, 33(22): L22704. https://doi.org/10.1029/2006GL027946.

Duan A M, Wu G X, Liu Y M, et al. 2012. Weather and climate effects of the Tibetan Plateau. Advances in Atmospheric Sciences, 29:978-992.

Egorov A A, Koptseva E M, Sumina O I, et al. 2019. Long-term biodiversity monitoring of the spontaneous successions for the assessment of the artificial restoration progress on the quarries in Russian Arctic. IOP Conference Series: Earth and Environmental Science, 263: 012002.

Ekmann J. 2013. Climate impacts on coal, from resource assessments through to environmental remediation. Climatic Change, 121(1): 27-39.

Fan X W, Duan Q Y, Shen C W, et al. 2022. Evaluation of historical CMIP6 model simulations and future projections of temperature over the Pan-Third Pole region. Environmental Science and Pollution Research, 29: 26214-26229.

Fan Y T, Chen Y N, Liu Y B, et al. 2013. Variation of baseflows in the headstreams of the Tarim River Basin during 1960–2007. Journal of Hydrology, 487: 98-108.

Fang X M, Han Y X, Ma J H, et al. 2004. Dust storms and loess accumulation on the Tibetan Plateau: A case study of dust event on 4 March 2003 in Lhasa. Chinese Science Bulletin, 49:953-960.

Farinotti D, Huss M, Fürst J J, et al. 2019. A consensus estimate for the ice thickness distribution of all glaciers on earth. Nature Geoscience, 12: 168-173.

Flohn H. 1957. Large-scale aspects of the "summer monsoon" in South and East Asia. Journal of the Meteorological Society of Japan, 35A: 180-186.

Fox-Kemper B, Hewitt H T, Xiao C, et al. 2021. Ocean, cryosphere and sea level change// Climate Change 2021: The Physical Science Basis. Contribution of Working Group I to the Sixth Assessment Report of the Intergovernmental Panel on Climate Change. Cambridge: Cambridge University Press: 1211-1362.

Franklin C M A, MacDonald S E, Nielsen S E. 2018. Combining aggregated and dispersed tree retention harvesting for conservation of vascular plant communities. Ecological Applications, 28(7): 1830-1840.

Fu J G, Li G M, Wang G H, et al. 2020. Structural analysis of sheath folds and geochronology in the Cuonadong Dome, Southern Tibet, China: New constraints on the timing of the South Tibetan detachment system and its relationship to North Himalayan Gneiss Domes. Terra Nova, 32(4):300-323.

Gao J, Yao T D, Masson-Delmotte V, et al. 2019. Collapsing glaciers threaten Asia's water supplies. Nature, 565: 19-21.

Gao J Q, Lei G C, Zhang X W, et al. 2014. Can $\delta^{13}C$ abundance, water-soluble carbon, and light fraction carbon be potential indicators of soil organic carbon dynamics in Zoigê wetland? Catena, 119: 21-27.

Gao Y H, Chen F, Lettenmaier D P, et al. 2018. Does elevation-dependent warming hold true above 5000 m elevation? Lessons from the Tibetan Plateau. npj Climate and Atmospheric Science, 1: 19.

Gao Y H, Cuo L, Zhang Y X. 2014. Changes in moisture flux over the Tibetan Plateau during 1979–2011 and possible mechanisms. Journal of Climate, 27(5): 1876-1893.

Gao Y H, Zeng X Y, Schumann M, et al. 2011. Effectiveness of exclosures on restoration of degraded Alpine meadow in the Eastern Tibetan Plateau. Arid Land Research and Management, 25(2): 164-175.

Ge N, Zhong L, Ma Y M, et al. 2021. Estimations of land surface characteristic parameters and turbulent heat fluxes over the Tibetan Plateau based on FY-4A/AGRI data. Advances in Atmospheric Sciences, 38:1299-1314.

Ge S, Wu Q B, Lu N, et al. 2008. Groundwater in the Tibet Plateau, Western China. Geophysical Research Letters, 35(18): 80-86.

Good R, Johnston S. 2019. Rehabilitation and revegetation of the Kosciuszko summit area, following the removal of grazing–An historic review. Ecological Management & Restoration, 20(1): 13-20.

Grinsted A. 2013. An estimate of global glacier volume. The Cryosphere, 7(1): 141-151.

Guo J Y, Mu D P, Liu X, et al. 2016. Water storage changes over the Tibetan Plateau revealed by GRACE mission. Acta Geophysica, 64(2): 463-476.

Gustafsson L, Granath G, Nohrstedt H Ö, et al. 2021. Burn severity and soil chemistry are weak drivers of early vegetation succession following a boreal mega-fire in a production forest landscape. Journal of Vegetation Science, 32(1): e12966.

Haeberli W, Bosch H, Scherler K, et al. 1989. World glacier inventory: Status 1988. Nairobi: IAHS(ICSI), UNEP, UNESCO, World Glacier Monitoring Service.

Hagg W, Mayer C, Lambrecht A, et al. 2013. Glacier changes in the Big Naryn Basin, Central Tian Shan. Global and Planetary Change, 110: 40-50.

Hansen W D, Fitzsimmons R, Olnes J, et al. 2021. An alternate vegetation type proves resilient and persists for decades following forest conversion in the North American boreal biome. Journal of Ecology, 109(1): 85-98.

Hao X H, Huang G H, Che T, et al. 2021. The NIEER AVHRR snow cover extent product over China–A long-term daily snow record for regional climate research. Earth System Science Data, 13(10): 4711-4726.

Harris R B. 2010. Rangeland degradation on the Qinghai-Tibetan Plateau: A review of the evidence of its magnitude and causes. Journal of Arid Environments, 74(1): 1-12.

He H Y, Li Y L, Wang C S, et al. 2019. Petrogenesis and tectonic implications of Late Cretaceous highly fractionated I-Type granites from the Qiangtang block, Central Tibet. Journal of Asian Earth Sciences, 176:337-352.

He Z J, Xu X C, Zhong Z T, et al. 2018. Spatial-temporal variations analysis of snow cover in China from 1992–2010. Chinese Science Bulletin, 63(25): 2641-2654.

Held I M. 1983. Stationary and quasi-stationary eddies in the extratropical troposphere: Theory. Large-Scale Dynamical Processes in the Atmosphere, 127: 168.

Hu J, Duan A M. 2015. Relative contributions of the Tibetan Plateau thermal forcing and the

Indian Ocean Sea surface temperature basin mode to the interannual variability of the East Asian summer monsoon. Climate Dynamics, 45: 2697-2711.

Hu S, Zhou T J. 2021. Skillful prediction of summer rainfall in the Tibetan Plateau on multiyear time scales. Science Advances, 7(24): eabf9395. https://doi.org/10.1126/sciadv.abf9395.

Huang J P, Minnis P, Yi Y H, et al. 2007. Summer dust aerosols detected from CALIPSO over the Tibetan Plateau. Geophysical Research Letters, 34(18): L18805. DOI: 10.1029/2007GL029938.

Huang X D, Deng J, Wang W, et al. 2017. Impact of climate and elevation on snow cover using integrated remote sensing snow products in Tibetan Plateau. Remote Sensing of Environment, 190: 274-288.

Huo L L, Chen Z K, Zou Y C, et al. 2013. Effect of Zoige alpine wetland degradation on the density and fractions of soil organic carbon. Ecological Engineering, 51: 287-295.

Huss M, Farinotti D. 2012. Distributed ice thickness and volume of all glaciers around the globe. Journal of Geophysical Research: Earth Surface, 117(F4): F04010.

Huss M, Hock R. 2018. Global-scale hydrological response to future glacier mass loss. Nature Climate Change, 8: 135-140.

Immerzeel W W, Lutz A F, Andrade M, et al. 2020. Importance and vulnerability of the world's water towers. Nature, 577(7790): 364-369.

Immerzeel W W, van Beek L P H, Bierkens M F P. 2010. Climate change will affect the Asian water towers. Science, 328(5984): 1382-1385.

IPCC. 2013. Climate change 2013: The physical science basis. Contribution of Working Group Ⅰ to the Fifth Assessment Report of the Intergovernmental Panel on Climate Change. Cambridge: Cambridge University Press.

IPCC. 2014. Climate change 2014: Synthesis report. Contribution of Working Groups Ⅰ, Ⅱ and Ⅲ to the Fifth Assessment Report of the Intergovernmental Panel on Climate Change. Cambridge: Cambridge University Press.

Jacob T, Wahr J, Pfeffer W T, et al. 2012. Recent contributions of glaciers and ice caps to sea level rise. Nature, 482(7386): 514-518.

Jayachandran S. 2009. Air quality and early-life mortality: Evidence from Indonesia's wildfires. Journal of Human Resources, 44(4): 916-954.

Ji P, Yuan X. 2018. High-resolution land surface modeling of hydrological changes over the Sanjiangyuan region in the Eastern Tibetan Plateau: 2. Impact of climate and land cover change. Journal of Advances in Modeling Earth Systems, 10(11): 2829-2843.

Jia R, Liu Y Z, Chen B, et al. 2015. Source and transportation of summer dust over the Tibetan Plateau. Atmospheric Environment, 123: 210-219.

Jia R, Luo M, Liu Y Z, et al. 2019. Anthropogenic aerosol pollution over the eastern slope of the Tibetan Plateau. Advances in Atmospheric Sciences, 36: 847-862.

Jiang W G, Lv J X, Wang C C, et al. 2017. Marsh wetland degradation risk assessment and change analysis: A case study in the Zoige Plateau, China. Ecological Indicators, 82: 316-326.

Johnstone J. 2021. Alpine plant life: Functional plant ecology of high mountain ecosystems. By

Christian Körner. Mountain Research and Development, 41(4): M1-M2.

Kääb A, Leinss S, Gilbert A, et al. 2018. Massive collapse of two glaciers in Western Tibet in 2016 after surge-like instability. Nature Geoscience, 11(2): 114-120.

Kang S C, Zhang Y L, Chen P F, et al. 2022. Black carbon and organic carbon dataset over the Third Pole. Earth System Science Data, 14(2): 683-707.

Keddy P. 1999. Wetland restoration: The potential for assembly rules in the service of conservation. Wetlands, 19(4): 716-732.

Keyser A R, Krofcheck D J, Remy C C, et al. 2020. Simulated increases in fire activity reinforce shrub conversion in a Southwestern US forest. Ecosystems, 23(8): 1702-1713.

Kochany J, Lugowski A, Menkal V, et al. 1996. Tailing pond remediation in the Canadian Arctic. Environmental Technology, 17(10): 1113-1121.

Kriegel D, Mayer C, Hagg W, et al. 2013. Changes in glacierisation, climate and runoff in the second half of the 20th century in the Naryn Basin, Central Asia. Global and Planetary Change, 110: 51-61.

Kripalani R H, Kulkarni A, Sabade S S. 2003. Western Himalayan snow cover and Indian monsoon rainfall: A re-examination with INSAT and NCEP/NCAR data. Theoretical and Applied Climatology, 74: 1-18.

Kuang X X, Jiao J J. 2016. Review on climate change on the Tibetan Plateau during the last half century. Journal of Geophysical Research: Atmospheres, 121(8): 3979-4007.

Lei J S, Li Y, Xie F R, et al. 2014. Pn anisotropic tomography and dynamics under Eastern Tibetan Plateau. Journal of Geophysical Research: Solid Earth, 119(3): 2174-2198.

Li C H, Su F G, Yang D Q, et al. 2018. Spatiotemporal variation of snow cover over the Tibetan Plateau based on MODIS snow product, 2001–2014. International Journal of Climatology, 38(2): 708-728.

Li C L, Bosch C, Kang S C, et al. 2016. Sources of black carbon to the Himalayan-Tibetan Plateau glaciers. Nature Communications, 7: 12574.

Li D F, Overeem I, Kettner A J, et al. 2021. Air temperature regulates erodible landscape, water, and sediment fluxes in the permafrost-dominated catchment on the Tibetan Plateau. Water Resources Research, 57(2): e2020WR028193. https://doi.org/10.1029/2020WR028193.

Li F, Wan X, Wang H J, et al. 2020. Arctic sea-ice loss intensifies aerosol transport to the Tibetan Plateau. Nature Climate Change, 10: 1037-1044.

Li J M, Han X L, Jin M J, et al. 2019. Globally analysing spatiotemporal trends of anthropogenic $PM_{2.5}$ concentration and population's $PM_{2.5}$ exposure from 1998 to 2016. Environment International, 128: 46-62.

Li Q L, Wang N L, Wu X B, et al. 2011. Sources and distribution of polycyclic aromatic hydrocarbons of different glaciers over the Tibetan Plateau. Science China Earth Sciences, 54(8): 1189-1198.

Li X Y, Ma Y J, Xu H Y, et al. 2009. Impact of land use and land cover change on environmental degradation in Lake Qinghai watershed, Northeast Qinghai-Tibet Plateau. Land Degradation &

Development, 20(1): 69-83.

Liang E Y, Wang Y F, Piao S L, et al. 2016. Species interactions slow warming-induced upward shifts of treelines on the Tibetan Plateau. Proceedings of the National Academy of Sciences of the United States of America, 113(16): 4380-4385.

Liu B, Cong Z Y, Wang Y S, et al. 2017. Background aerosol over the Himalayas and Tibetan Plateau: Observed characteristics of aerosol mass loading. Atmospheric Chemistry and Physics, 17(1): 449-463.

Liu C, Zhu L P, Li J S, et al. 2021a. The increasing water clarity of Tibetan Lakes over last 20 years according to MODIS data. Remote Sensing of Environment, 253: 112199. https://doi.org/10.1016/j.rse.2020.112199.

Liu C, Zhu L P, Wang J B, et al. 2021b. In-situ water quality investigation of the lakes on the Tibetan Plateau. Science Bulletin, 66(17): 1727-1730.

Liu H W, Miao J R, Wu K J, et al. 2020. Why the increasing trend of summer rainfall over North China has halted since the Mid-1990s. Advances in Meteorology, (1): 9031796.

Liu L, Ma Y M, Yao N, et al. 2021. Diagnostic analysis of a regional heavy snowfall event over the Tibetan Plateau using NCEP reanalysis data and WRF. Climate Dynamics, 56(7): 2451-2467.

Liu Q, Fu Y H, Zeng Z Z, et al. 2016. Temperature, precipitation, and insolation effects on autumn vegetation phenology in temperate China. Global Change Biology, 22(2): 644-655.

Liu Q Y, van Der Hilst R D, Li Y, et al. 2014. Eastward expansion of the Tibetan Plateau by crustal flow and strain partitioning across faults. Nature Geoscience, 7(5): 361-365.

Liu S, Liu Z, Duan Q Y, et al. 2023. The performance of CMIP6 models in simulating surface energy fluxes over global continents. Climate Dynamics, 61(1): 579-594.

Liu W B, Sun F B, Li Y Z, et al. 2018. Investigating water budget dynamics in 18 river basins across the Tibetan Plateau through multiple datasets. Hydrology and Earth System Sciences, 22(1): 351-371.

Liu X L, Liu Y M, Wang X C, et al. 2020. Large-scale dynamics and moisture sources of the precipitation over the Western Tibetan Plateau in boreal winter. Journal of Geophysical Research: Atmospheres, 125(9): e2019JD032133. https://doi.org/10.1029/2019JD032133.

Liu Y M, Hoskins B, Blackburn M. 2007. Impact of Tibetan orography and heating on the summer flow over Asia. Journal of the Meteorological Society of Japan, 85B: 1-19.

Liu Y M, Lu M M, Yang H J, et al. 2020. Land-atmosphere-ocean coupling associated with the Tibetan Plateau and its climate impacts. National Science Review, 7(3): 534-552.

Liu Y M, Wu G X, Hong J L, et al. 2012. Revisiting Asian monsoon formation and change associated with Tibetan Plateau forcing: II. Change. Climate Dynamics, 39: 1183-1195.

Liu Y Z, Zhu Q Z, Huang J P, et al. 2019. Impact of dust-polluted convective clouds over the Tibetan Plateau on downstream precipitation. Atmospheric Environment, 209: 67-77.

Liu Z, Duan Q Y, Fan X W, et al. 2023. Bayesian retro-and prospective assessment of CMIP6 climatology in Pan Third Pole region. Climate Dynamics, 60(3): 767-784.

Liu Z, Tian X B, Gao R, et al. 2017. New images of the crustal structure beneath Eastern Tibet from a high-density seismic array. Earth and Planetary Science Letters, 480: 33-41.

Liu Z J, Tapponnier P, Gaudemer Y, et al. 2008. Quantifying landscape differences across the Tibetan Plateau: Implications for topographic relief evolution. Journal of Geophysical Research: Earth Surface, 113(F4). https://doi.org/10.1029/2007JF000897.

Lu N, Trenberth K E, Qin J, et al. 2015. Detecting long-term trends in precipitable water over the Tibetan Plateau by synthesis of station and MODIS observations. Journal of Climate, 28(4): 1707-1722.

Lu X Y, Kelsey K C, Yan Y, et al. 2017. Effects of grazing on ecosystem structure and function of alpine grasslands in Qinghai–Tibetan Plateau: A synthesis. Ecosphere, 8(1): e01656.

Luchner J, Riegels N D, Bauer-Gottwein P. 2019. Benefits of cooperation in transnational water-energy systems. Journal of Water Resources Planning and Management, 145(5): 05019007.

Lutz A F, Immerzeel W W, Shrestha A B, et al. 2014. Consistent increase in High Asia's runoff due to increasing glacier melt and precipitation. Nature Climate Change, 4: 587-592.

Ma K, Zhang Y, Tang S X, et al. 2016. Spatial distribution of soil organic carbon in the Zoige Alpine wetland, Northeastern Qinghai–Tibet Plateau. Catena, 144: 102-108.

Ma L J, Qin D H. 2012. Temporal-spatial characteristics of observed key parameters of snow cover in China during 1957-2009. Sciences in Cold and Arid Regions, 4(5): 384.

Ma Y, Wang Y, Wu R, et al. 2009. Recent advances on the study of atmosphere-land interaction observations on the Tibetan Plateau. Hydrology and Earth System Sciences, 13(7): 1103-1111.

Mallik A U, Bloom R G, Whisenant S G. 2010. Seedbed filter controls post-fire succession. Basic and Applied Ecology, 11(2): 170-181.

Marlier M E, DeFries R S, Voulgarakis A, et al. 2013. El Niño and health risks from landscape fire emissions in Southeast Asia. Nature Climate Change, 3: 131-136.

Marzeion B, Jarosch A H, Hofer M. 2012. Past and future sea-level change from the surface mass balance of glaciers. The Cryosphere, 6(6): 1295-1322.

Maurer J M, Schaefer J M, Rupper S, et al. 2019. Acceleration of ice loss across the Himalayas over the past 40 years. Science Advances, 5(6): eaav7266. https://doi.org/10.1126/sciadv.aav7266.

Maussion F, Scherer D, Mölg T, et al. 2014. Precipitation seasonality and variability over the Tibetan Plateau as resolved by the high Asia reanalysis. Journal of Climate, 27(5): 1910-1927.

Mekonnen Z A, Riley W J, Randerson J T, et al. 2019. Expansion of high-latitude deciduous forests driven by interactions between climate warming and fire. Nature Plants, 5(9): 952-958.

Merino-Martín L, Commander L, Mao Z, et al. 2017. Overcoming topsoil deficits in restoration of semiarid lands: Designing hydrologically favourable soil covers for seedling emergence. Ecological Engineering, 105: 102-117.

Mu C C, Shang J G, Zhang T J, et al. 2020. Acceleration of thaw slump during 1997-2017 in the Qilian Mountains of the Northern Qinghai-Tibetan Plateau. Landslides, 17(5): 1051-1062.

Nagel R, Durka W, Bossdorf O, et al. 2019. Rapid evolution in native plants cultivated for ecological restoration: Not a general pattern. Plant Biology, 21(3): 551-558.

Nan S L, Zhao P, Chen J M, et al. 2021. Links between the thermal condition of the Tibetan Plateau in summer and atmospheric circulation and climate anomalies over the Eurasian continent. Atmospheric Research, 247:105212.

Nan S L, Zhao P, Yang S, et al. 2009. Springtime tropospheric temperature over the Tibetan Plateau and evolutions of the tropical Pacific SST. Journal of Geophysical Research: Atmospheres, 114(D10): D10104. https://doi.org/10.1029/2008JD011559.

Nie Y, Sheng Y W, Liu Q, et al. 2017. A regional-scale assessment of Himalayan glacial lake changes using satellite observations from 1990 to 2015. Remote Sensing of Environment, 189: 1-13.

Palmer M A, Ambrose R F, Poff N L. 1997. Ecological theory and community restoration ecology. Restoration Ecology, 5(4): 291-300.

Pan W J, Mao J Y, Wu G X. 2013. Characteristics and mechanism of the 10–20-day oscillation of spring rainfall over Southern China. Journal of Climate, 26(14): 5072-5087.

Piao S L, Wang X H, Park T, et al. 2020. Characteristics, drivers and feedbacks of global greening. Nature Reviews Earth & Environment, 1(1):14-27.

Qiao B J, Zhu L P, Yang R M. 2019. Temporal-spatial differences in lake water storage changes and their links to climate change throughout the Tibetan Plateau. Remote Sensing of Environment, 222: 232-243.

Qiu T P, Huang W Y, Wright J S, et al. 2019. Moisture sources for wintertime intense precipitation events over the three snowy subregions of the Tibetan Plateau. Journal of Geophysical Research: Atmospheres, 124(23): 12708-12725.

Qiu X P, Yang X T, Fang Y P, et al. 2018. Impacts of snow disaster on rural livelihoods in Southern Tibet-Qinghai Plateau. International Journal of Disaster Risk Reduction, 31: 143-152.

Quan Q, Tian D S, Luo Y Q, et al. 2019. Water scaling of ecosystem carbon cycle feedback to climate warming. Science Advances, 5(8): eaav1131.

Queney P. 1948. The problem of air flow over mountains: A summary of theoretical studies. Bulletin of the American Meteorological Society, 29(1): 16-26.

Radić V, Hock R. 2010. Regional and global volumes of glaciers derived from statistical upscaling of glacier inventory data. Journal of Geophysical Research: Earth Surface, 115(F1): F01010.

Radić V, Hock R. 2014. Glaciers in the earth's hydrological cycle: Assessments of glacier mass and runoff changes on global and regional scales. Surveys in Geophysics, 35(3): 813-837.

Rapport D J, Costanza R, McMichael A J. 1998. Assessing ecosystem health. Trends in Ecology & Evolution, 13(10): 397-402.

Santer B D, Po-Chedley S, Zhao L, et al. 2023. Exceptional stratospheric contribution to human fingerprints on atmospheric temperature. Proceedings of the National Academy of Sciences of the United States of America, 120(20): e2300758120. https://doi.org/10.1073/pnas.2300758120.

Sasaki T, Furukawa T, Iwasaki Y, et al. 2015. Perspectives for ecosystem management based on ecosystem resilience and ecological thresholds against multiple and stochastic disturbances. Ecological Indicators, 57: 395-408.

Savitskiy A G, Schlüter M, Taryannikova R V, et al. 2008. Current and future impacts of climate change on river runoff in the Central Asian river basins//Pahl-Wostl C, Kabat P, Möltgen J. Adaptive and Integrated Water Management: Coping with Complexity and Uncertainty. Berlin, Heidelberg: Springer: 323-339.

Shaman J, Tziperman E. 2007. Summertime ENSO–North African–Asian jet teleconnection and implications for the Indian monsoons. Geophysical Research Letters, 34(11): L11702. https://doi.org/10.1029/2006GL029143.

Shan Y L, Zheng H R, Guan D B, et al. 2017. Energy consumption and CO_2 emissions in Tibet and its cities in 2014. Earth's Future, 5(8): 854-864.

Shen M G, Piao S L, Cong N, et al. 2015. Precipitation impacts on vegetation spring phenology on the Tibetan Plateau. Global Change Biology, 21(10): 3647-3656.

Shen M G, Zhang G X, Cong N, et al. 2014. Increasing altitudinal gradient of spring vegetation phenology during the last decade on the Qinghai-Tibetan Plateau. Agricultural and Forest Meteorology, 189: 71-80.

Sheng Y, Jin S, Comeau M J, et al.2021.Lithospheric structure near the Northern Xainza-Dinggye rift, Tibetan Plateau–Implications for rheology and tectonic dynamics. Journal of Geophysical Research: Solid Earth, 126(8): e2020JB021442.

Su F, Zhang L, Ou T, et al. 2016. Hydrological response to future climate changes for the major upstream river basins in the Tibetan Plateau. Global and Planetary Change, 136: 82-95.

Sun H, Liu X, Pan Z. 2017. Direct radiative effects of dust aerosols emitted from the Tibetan Plateau on the East Asian summer monsoon–A regional climate model simulation. Atmospheric Chemistry and Physics, 17(22):13731-13745.

Sun J, Liang E Y, Barrio I C, et al. 2021. Fences undermine biodiversity targets. Science, 374(6565): 269.

Sun J, Liu M, Fu B J, et al. 2020. Reconsidering the efficiency of grazing exclusion using fences on the Tibetan Plateau. Science Bulletin, 65(16): 1405-1414.

Sun R Y, Sun G Y, Kwon S Y, et al. 2020. Mercury biogeochemistry over the Tibetan Plateau: An overview. Critical Reviews in Environmental Science and Technology, 51(6): 577-602.

Testolin R, Attorre F, Jiménez-Alfaro B. 2020. Global distribution and bioclimatic characterization of alpine biomes. Ecography, 43(6): 779-788.

Tian Y, Yu C Q, Zha X J, et al. 2016. Distribution and potential health risks of arsenic, selenium, and fluorine in natural waters in Tibet, China. Water, 8: 568.

Török K, Horváth F, Kövendi-Jakó A, et al. 2019. Meeting Aichi Target 15: Efforts and further needs of ecological restoration in Hungary. Biological Conservation, 235: 128-135.

Török P, Helm A. 2017. Ecological theory provides strong support for habitat restoration. Biological Conservation, 206: 85-91.

UN-Water. 2021. Summary Progress Update 2021: SDG 6 — Water and Sanitation for All. [2024-10-30]. https://www.unwater.org/publications/summary-progress-update-2021-sdg-6-water-and-sanitation-all.

Unger-Shayesteh K, Vorogushyn S, Farinotti D, et al. 2013. What do we know about past changes in the water cycle of Central Asian headwaters? A review. Global and Planetary Change, 110: 4-25.

United Nations. 2015a. Transforming our world: The 2030 agenda for sustainable development. New York: United Nations. [2021-04-30]. https://sdgs.un.org/publications/transforming-our-world-2030-agenda-sustainable-development-17981.

United Nations. 2015b. World population prospects the 2015 revision. New York: United Nations. [2021-04-30]. https://www.un.org/en/development/desa/publications/world-population-prospects-2015-revision.html.

United Nations. 2018. 2018 Revision of World Urbanization Prospects. New York: United Nations. [2021-04-30]. https://www.un.org/en/desa/2018-revision-world-urbanization-prospects.

United Nations Environment Programme. 2015a. Global waste management outlook. Nairobi: United Nations Environment Programme.

United Nations Environment Programme. 2015b. Global environment outlook-GEO-6: Healthy planet, healthy people. Nairobi: United Nations Environment Programme.

United States National Snow and Ice Data Center. 2017. Arctic sea ice 2017: Tapping the brakes in September. [2018-11-01]. https://nsidc.org/sea-ice-today/analyses/arctic-sea-ice-2017-tapping-brakes-september.

Wainwright C E, Staples T L, Charles L S, et al. 2018. Links between community ecology theory and ecological restoration are on the rise. Journal of Applied Ecology, 55(2): 570-581.

Wan W, Long D, Hong Y, et al. 2016. A lake data set for the Tibetan Plateau from the 1960s, 2005, and 2014. Scientific Data, 3: 160039.

Wang B, Bao Q, Hoskins B, et al. 2008. Tibetan Plateau warming and precipitation changes in East Asia. Geophysical Research Letters, 35(14): L14702.

Wang B, Yanai M, Wu G X. 2006. Effects of the Tibetan Plateau. The Asian Monsoon, 1: 513-549.

Wang C J, Zhang H Q, Wang F, et al. 2019. Slash local emissions to protect Tibetan Plateau. Nature, 566(7745): 455.

Wang C Y, Lou H, Silver P G, et al. 2010. Crustal structure variation along 30°N in the Eastern Tibetan Plateau and its tectonic implications. Earth and Planetary Science Letters, 289(3-4): 367-376.

Wang J Y, Liu Y J, Li Y R. 2019. Ecological restoration under rural restructuring: A case study of Yan'an in China's Loess Plateau. Land Use Policy, 87: 104087.

Wang L, Yao T D, Chai C H, et al. 2021. TP-river: Monitoring and quantifying total river runoff from the third pole. Bulletin of the American Meteorological Society, 102(5): E948-E965.

Wang Q, Hawkesworth C J, Wyman D, et al. 2016. Pliocene-Quaternary crustal melting in Central and Northern Tibet and insights into crustal flow. Nature Communications, 7(1): 11888.

Wang S J, Zhou L Y, Wei Y Q. 2019. Integrated risk assessment of snow disaster over the Qinghai-Tibet Plateau. Geomatics, Natural Hazards and Risk, 10(1): 740-757.

Wang W G, Li J X, Yu Z B, et al. 2018. Satellite retrieval of actual evapotranspiration in the Tibetan Plateau: Components partitioning, multidecadal trends and dominated factors identifying. Journal of Hydrology, 559: 471-485.

Wang X, Guo X Y, Yang C D, et al. 2020. Glacial lake inventory of high-mountain Asia in 1990 and 2018 derived from Landsat images. Earth System Science Data, 12(3): 2169-2182.

Wang X J, Pang G J, Yang M X. 2018. Precipitation over the Tibetan Plateau during recent decades: A review based on observations and simulations. International Journal of Climatology, 38(3): 1116-1131.

Wang X P, Wang C F, Zhu T T, et al. 2019. Persistent organic pollutants in the polar regions and the Tibetan Plateau: A review of current knowledge and future prospects. Environmental Pollution, 248: 191-208.

Wang Y F, Xu X Y. 2018. Impact of ENSO on the thermal condition over the Tibetan Plateau. Journal of the Meteorological Society of Japan, 96(3): 269-281.

Wang Z B, Wu R G, Huang G. 2018. Low-frequency snow changes over the Tibetan Plateau. International Journal of Climatology, 38(2): 949-963.

Wang Z Y, Walker G W, Muir D C G, et al. 2020. Toward a global understanding of chemical pollution: A first comprehensive analysis of national and regional chemical inventories. Environmental Science & Technology, 54(5): 2575-2584.

Wen Q, Yang H. 2020. Investigating the role of the Tibetan Plateau in the formation of Pacific meridional overturning circulation. Journal of Climate, 33(9): 3603-3617.

Wolf A T, Natharius J A, Danielson J J, et al. 1999. International river basins of the world. Water Resources Development, 15(4): 387-427.

Wu G X, Duan A M, Liu Y M, et al. 2015. Tibetan Plateau climate dynamics: Recent research progress and outlook. National Science Review, 2(1): 100-116.

Wu G X, Guan Y, Liu Y M, et al. 2012a. Air-sea interaction and formation of the Asian summer monsoon onset vortex over the Bay of Bengal. Climate Dynamics, 38: 261-279.

Wu G X, Liu Y M, He B, et al. 2012b. Thermal controls on the Asian summer monsoon. Scientific Reports, 2(1): 404.

Wu G X, Liu Y M, Zhang Q, et al. 2007. The influence of mechanical and thermal forcing by the Tibetan Plateau on Asian climate. Journal of Hydrometeorology, 8(4): 770-789.

Wu G X, Zhuo H F, Wang Z Q, et al. 2016. Two types of summertime heating over the Asian large-scale orography and excitation of potential-vorticity forcing I. Over Tibetan Plateau. Science China Earth Sciences, 59: 1996-2008.

Wu R, Qin X J, Sun J. 2018. Effect of grazing on biomass allocation of dominant species and associated species in the Alpine Grassland, Northern Tibet. Acta Agrestia Sinica, 26(6): 1313-1321.

Wu S Y, Zhou W, Yan K, et al. 2020. Response of the water conservation function to vegetation dynamics in the Qinghai-Tibetan Plateau based on MODIS products. IEEE Journal of Selected Topics in Applied Earth Observations and Remote Sensing, 13: 1675-1686.

Xiang L W, Wang H S, Steffen H, et al. 2016. Groundwater storage changes in the Tibetan Plateau and adjacent areas revealed from GRACE satellite gravity data. Earth and Planetary Science Letters, 449: 228-239.

Xu C C, Chen Y N, Chen Y P, et al. 2013. Responses of surface runoff to climate change and human activities in the arid region of central Asia: A case study in the Tarim River Basin, China. Environmental Management, 51(4): 926-938.

Xu J H, Chen Y N, Li W H, et al. 2008. Long-term trend and fractal of annual runoff process in mainstream of Tarim River. Chinese Geographical Science, 18(1): 77-84.

Xu W F, Ma L J, Ma M N, et al. 2017. Spatial-temporal variability of snow cover and depth in the Qinghai-Tibetan Plateau. Journal of Climate, 30(4): 1521-1533.

Xue Y, Diallo I, Boone A A, et al. 2022. Spring land temperature in Tibetan Plateau and global-scale summer precipitation: Initialization and improved prediction. Bulletin of the American Meteorological Society, 103(12): E2756- E2767.

Yan Y F, Liu Y M, Lu J H. 2016. Cloud vertical structure, precipitation, and cloud radiative effects over Tibetan Plateau and its neighboring regions. Journal of Geophysical Research: Atmospheres, 121(10): 5864-5877.

Yang K, Lu H, Yue S Y, et al. 2018. Quantifying recent precipitation change and predicting lake expansion in the Inner Tibetan Plateau. Climatic Change, 147(1): 149-163.

Yang K, Wu H, Qin J, et al. 2014. Recent climate changes over the Tibetan Plateau and their impacts on energy and water cycle: A review. Global and Planetary Change, 112: 79-91.

Yang Y H, Weng B S, Yan D H, et al. 2021. Partitioning the contributions of cryospheric change to the increase of streamflow on the Nu River. Journal of Hydrology, 598: 126330.

Yang Z Y, Wang Q, Zhang C F, et al. 2019. Cretaceous (~ 100 Ma) high-silica granites in the Gajin area, Central Tibet: Petrogenesis and implications for collision between the Lhasa and Qiangtang Terranes. Lithos, 324: 402-417.

Yao T D, Pu J C, Lu A X, et al. 2007. Recent glacial retreat and its impact on hydrological processes on the Tibetan Plateau, China, and surrounding regions. Arctic, Antarctic, and Alpine Research, 39(4): 642-650.

Yao T D, Thompson L, Yang W, et al. 2012. Different glacier status with atmospheric circulations in Tibetan Plateau and surroundings. Nature Climate Change, 2(9): 663-667.

Yao T D, Xue Y K, Chen D L, et al. 2019. Recent third pole's rapid warming accompanies cryospheric melt and water cycle intensification and interactions between monsoon and environment: Multidisciplinary approach with observations, modeling, and analysis. Bulletin of the American Meteorological Society, 100(3): 423-444.

Ye C D, Yao L, Deng A M, et al. 2018. Spatial and seasonal dynamics of water quality, sediment properties and submerged vegetation in a eutrophic lake after ten years of ecological restoration. Wetlands, 38(6): 1147-1157.

Ye D Z, Wu G X. 1998. The role of the heat source of the Tibetan Plateau in the general circulation. Meteorology and Atmospheric Physics, 67:181-198.

Ye Q H, Zong J B, Tian L D, et al. 2017. Glacier changes on the Tibetan Plateau derived from Landsat imagery: Mid-1970s-2000-13. Journal of Glaciology, 63(238): 273-287.

Yeh T C. 1950. The circulation of the high troposphere over China in the winter of 1945–1946. Tellus, 2(3): 173-183.

Yin H, Sun Y, Donat M G. 2019. Changes in temperature extremes on the Tibetan Plateau and their attribution. Environmental Research Letters, 14(12):124015.

Yin X F, Kang S C, de Foy B, et al. 2017. Surface ozone at Nam Co in the inland Tibetan Plateau: Variation, synthesis comparison and regional representativeness. Atmospheric Chemistry and Physics, 17(18): 11293-11311.

Yin X F, Kang S C, de Foy B, et al. 2018. Multi-year monitoring of atmospheric total gaseous mercury at a remote high-altitude site (Nam Co, 4730 m a.s.l.) in the inland Tibetan Plateau region. Atmospheric Chemistry and Physics, 18(14):10557-10574.

You Q, Kang S, Ren G, et al. 2011. Observed changes in snow depth and number of snow days in the Eastern and Central Tibetan Plateau. Climate Research, 46(2):171-183.

You Q L, Fraedrich K, Ren G Y, et al. 2012. Inconsistencies of precipitation in the Eastern and Central Tibetan Plateau between surface adjusted data and reanalysis. Theoretical and Applied Climatology, 109: 485-496.

You Z Q, Jiang Z G, Li C W, et al. 2013. Impacts of grassland fence on the behavior and habitat area of the critically endangered Przewalski's gazelle around the Qinghai Lake. Chinese Science Bulletin, 58(18): 2262-2268.

Yu Y, Tang P Z, Zhao J S, et al. 2019. Evolutionary cooperation in transboundary river basins. Water Resources Research, 55(11): 9977-9994.

Yuan C, Tozuka T, Miyasaka T, et al. 2009. Respective influences of IOD and ENSO on the Tibetan snow cover in early winter. Climate Dynamics, 33: 509-520.

Yue S, Wang B, Yang K, et al. 2020. Mechanisms of the decadal variability of monsoon rainfall in the Southern Tibetan Plateau. Environmental Research Letters, 16(1): 014011.

Zhang F, Shi X N, Zeng C, et al. 2020. Recent stepwise sediment flux increase with climate change in the Tuotuo River in the Central Tibetan Plateau. Science Bulletin, 65(5): 410-418.

Zhang F, Zeng C, Wang G X, et al. 2022. Runoff and sediment yield in relation to precipitation, temperature and glaciers on the Tibetan Plateau. International Soil and Water Conservation Research, 10(2): 197-207.

Zhang G Q, Bolch T, Chen W F, et al. 2021. Comprehensive estimation of lake volume changes on the Tibetan Plateau during 1976-2019 and basin-wide glacier contribution. The Science of the Total Environment, 772: 145463.

Zhang G Q, Xie H J, Kang S C, et al. 2011. Monitoring lake level changes on the Tibetan Plateau using ICESat altimetry data (2003-2009). Remote Sensing of Environment, 115(7): 1733-1742.

Zhang G Q, Yao T D, Chen W F, et al. 2019. Regional differences of lake evolution across China during 1960s–2015 and its natural and anthropogenic causes. Remote Sensing of Environment, 221: 386-404.

Zhang G Q, Yao T D, Shum C K, et al. 2017. Lake volume and groundwater storage variations in Tibetan Plateau's endorheic basin. Geophysical Research Letters, 44(11): 5550-5560.

Zhang G Q, Yao T D, Xie H J, et al. 2013. Increased mass over the Tibetan Plateau: From lakes or glaciers? Geophysical Research Letters, 40(10): 2125-2130.

Zhang G Q, Yao T D, Xie H J, et al. 2014. Lakes' state and abundance across the Tibetan Plateau. Chinese Science Bulletin, 59(24): 3010-3021.

Zhang G Q, Yao T D, Xie H J, et al. 2015. An inventory of glacial lakes in the Third Pole Region and their changes in response to global warming. Global and Planetary Change, 131: 148-157.

Zhang G Q, Yao T D, Xie H J, et al. 2020. Response of Tibetan Plateau Lakes to climate change: Trends, patterns, and mechanisms. Earth-Science Reviews, 208: 103269.

Zhang L L, Su F G, Yang D Q, et al. 2013. Discharge regime and simulation for the upstream of major rivers over Tibetan Plateau. Journal of Geophysical Research: Atmospheres, 118(15): 8500-8518.

Zhang Q G, Sun X J, Sun S W, et al. 2019. Understanding mercury cycling in Tibetan glacierized mountain environment: Recent progress and remaining gaps. Bulletin of Environmental Contamination and Toxicology, 102(5): 672-678.

Zhang X H, Liu H Y, Baker C, et al. 2012. Restoration approaches used for degraded peatlands in Ruoergai (Zoige), Tibetan Plateau, China, for sustainable land management. Ecological Engineering, 38(1): 86-92.

Zhang X Y. 2017. Analysis of series variational characteristics and causes of Tarim River Basin runoff under the changing environment. Applied Ecology and Environmental Research, 15(3): 823-836.

Zhao H X, Moore G W K. 2004. On the relationship between Tibetan snow cover, the Tibetan Plateau monsoon and the Indian summer monsoon. Geophysical Research Letters, 31(14): L14204. https://doi.org/10.1029/2004GL020040.

Zhao J Z, Wu G, Zhao Y M, et al. 2002. Strategies to combat desertification for the twenty-first century in China. International Journal of Sustainable Development & World Ecology, 9(3): 292-297.

Zhao L, Zou D F, Hu G J, et al. 2020. Changing climate and the permafrost environment on the Qinghai-Tibet (Xizang) plateau. Permafrost and Periglacial Processes, 31(3): 396-405.

Zhao P, Xu X D, Chen F, et al. 2018. The third atmospheric scientific experiment for understanding the earth-atmosphere coupled system over the Tibetan Plateau and its effects. Bulletin of the American Meteorological Society, 99(4): 757-776.

Zhao Y, Zhou T J. 2021. Interannual variability of precipitation recycle ratio over the Tibetan Plateau. Journal of Geophysical Research: Atmospheres, 126(2): e2020JD033733. https://doi.org/10.1029/2020JD033733.

Zheng G X, Allen S K, Bao A M, et al. 2021. Increasing risk of glacial lake outburst floods from future Third Pole deglaciation. Nature Climate Change, 11: 411-417.

Zheng H J, Kang S C, Chen P F, et al. 2020. Sources and spatio-temporal distribution of aerosol polycyclic aromatic hydrocarbons throughout the Tibetan Plateau. Environmental Pollution, 261: 114144.

Zheng M J, Wan C W, Du M D, et al. 2016. Application of Rn-222 isotope for the interaction between surface water and groundwater in the Source Area of the Yellow River. Hydrology

Research, 47(6): 1253-1262.

Zhong Z T, Li X, Xu X C, et al. 2018. Spatial-temporal variations analysis of snow cover in China from 1992–2010. Chinese Science Bulletin, 63(25): 2641-2654.

Zhou H K, Zhao X Q, Tang Y H, et al. 2005. Alpine grassland degradation and its control in the source region of the Yangtze and Yellow Rivers, China. Grassland Science, 51(3): 191-203.

Zhou T J, Zhang W X. 2021. Anthropogenic warming of Tibetan Plateau and constrained future projection. Environmental Research Letters, 16(4): 044039.

Zhou X, Bei N F, Liu H L, et al. 2017. Aerosol effects on the development of cumulus clouds over the Tibetan Plateau. Atmospheric Chemistry and Physics, 17(12): 7423-7434.

Zhou Y S, Li Z W, Li J, et al. 2018. Glacier mass balance in the Qinghai-Tibet Plateau and its surroundings from the mid-1970s to 2000 based on Hexagon KH-9 and SRTM DEMs. Remote Sensing of Environment, 210: 96-112.

Zhu C, Ullah W, Wang G, et al. 2023. Diagnosing potential impacts of Tibetan Plateau spring soil moisture anomalies on summer precipitation and floods in the Yangtze River basin. Journal of Geophysical Research: Atmospheres, 128(8): e2022JD037671.

Zhu D C, Li S M, Cawood P A, et al. 2016. Assembly of the Lhasa and Qiangtang terranes in Central Tibet by divergent double subduction. Lithos, 245: 7-17.

Zou D F, Zhao L, Sheng Y, et al. 2017. A new map of permafrost distribution on the Tibetan Plateau. The Cryosphere, 11(6): 2527-2542.

Zuo Z Y, Zhang R H, Zhao P. 2011. The relation of vegetation over the Tibetan Plateau to rainfall in China during the boreal summer. Climate Dynamics, 36: 1207-1219.